AF546499

Nach der letzten Landung

747-400
N887BA

Sebastian Thoma

NACH DER LETZTEN LANDUNG

Die faszinierendsten
Flugzeugfriedhöfe der Welt

Seite 2: **Aus der Traum?**
N887BA war einer der ersten Boeing 787 Dreamliner, der in der Wüste abgestellt wurde. Und das nicht etwa um verschrottet zu werden – die Maschine war gerade wenige Wochen alt - sondern weil ihr Käufer das Flugzeug nicht übernehmen konnte. Als HB-JJJ registriert, sollte das Flugzeug als Privatjet in die Schweiz ausgeliefert werden. Abnehmer Privatair ging jedoch 2015 in die Insolvenz, und so wurde der Dreamliner aus dem Boeing-Werk in Seattle direkt zur Konservierung nach Victorville in die Wüste geflogen, wo er über drei Jahre stand und auf einen neuen Käufer hoffte.

← Unerwartete Einblicke
Begehrte Ersatzteile wurden bereits entnommen. So fehlen der Boeing 747 bereits das in der Nase angebrachte Wetterradar, Fenster, Türen und weitere Rumpfteile. Das Innere der teils schon ausgeschlachteten Jets wird als Lagerfläche für weitere Ersatzteile verwendet. Hier zu sehen sind diverse Flugzeugsitze, die im vorderen Bereich des Jumbos gestapelt wurden.

↓ Sie wurden geliebt
Es ist schon faszinierend zu sehen, wie die Wunderwerke der Technik, die einst tausende Passagiere sicher um die ganze Welt transportiert haben, einfach verschrottet werden. Viele Menschen haben eine ganz persönliche Bindung zu einigen dieser Flugzeuge. Vor allem charakteristische Maschinen wie der Jumbojet (Seite 6/7) oder die dreimotorige McDonnell Douglas MD-11 (Seite 10/11) wurden von ihren Crews geliebt. Es sind besondere Flugzeuge im Vergleich zu den tausendfach produzierten Airbus A320 oder Boeing 737 Kurzstreckenjets, die das Bild an den Flughäfen der Welt heutzutage prägen.

INHALTSVERZEICHNIS

THAI

JA8942
BOEING 777

Martin Schröder
N384BB

Martinair CARGO
THAI

ERN AIR
ATLAS AIR
SOUTHERN AIR

N35350
4X-ICO

VORWORT

Normalerweise kennt man Jets immer aus einem Umfeld, wo viel Lärm herrscht: laufende Triebwerke, vorbeifahrende Autos, Menschenmassen. Doch in der Wüste ist das anders. Friedhofsgleich herrscht eine gespenstische Stille. Keine Lüfter, Stromgeneratoren oder Flugzeugtriebwerke. Einfach nur Sonne und Wüstensand. Und diese Kolosse aus Aluminium, zwischen denen man sich vorkommt wie eine Ameise. Ein bedrückendes, aber auch beeindruckendes Gefühl.

Aufgrund der niedrigen Luftfeuchtigkeit und günstiger Wetterverhältnisse, die Korrosion und Schimmel vermeiden, sammeln sich an unterschiedlichsten Stellen der Welt ausrangierte oder zwischengeparkte Flugzeuge. Hier stehen sie mitunter viele Jahre, bevor sie verschrottet oder wieder eingesetzt werden. Doch nicht nur Oldies sind an diesen Orten zu finden.

Die Corona-Krise hat uns gezeigt, wie verwundbar wir sind. Vor allem aber, wie sehr eine unerwartete Krise dieses Ausmaßes die Luftfahrt buchstäblich zu Boden bringen kann. Nicht nur alte Flugzeuge, die unwirtschaftlich geworden sind und so oder so in naher Zukunft ausgemustert worden wären, sind nun vorzeitig außer Dienst gegangen. Ganze Flotten und Airlines wurden vorübergehend »gegroundet« und niemand weiß, wann und ob diese Flugzeuge jemals wieder fliegen werden. Es ist das vorzeitige Ende des Superjumbos, des A380, der einst Hoffnungsträger und Flaggschiff war. Es ist der ewige Abschied von den meisten vierstrahligen Flugzeugen. Sogar nagelneue, wirtschaftliche Flugzeuge wie Boeing 787 Dreamliner oder Airbus A350 stehen über Monate am Boden, weil die Fluglinien sie aufgrund der geringen Nachfrage an internationalen Reisen nicht mehr vom Hersteller abnehmen wollen oder können.

Auf einigen Touren mit dem Flugzeug durch Deutschland habe ich diese Masse von geparkten Flugzeugen nicht nur auf Flugzeugfriedhöfen, sondern auch auf großen Verkehrsflughäfen ablichten können. Aus Platzmangel wurden ganze Landebahnen geschlossen, um die Flugzeuge dort zu parken, denn normalerweise sind immer genug Maschinen am Himmel oder an anderen Flughäfen der Welt, jedoch nie alle gleichzeitig an ihrer »Home Base«.

Nicht zuletzt, weil ich als Fluglotse und Berufspilot selbst abhängig vom Flugverkehr bin, hoffe ich auf eine schnelle Genesung der Luftfahrt und darauf, dass möglichst viele der Ikonen noch einmal an den Himmel kommen. Der Abschied der Dreistrahler DC-10, MD-11 und Lockheed Tristar war schlimm genug für Flugzeugfans. Für die Vierstrahler Airbus A380 und die Boeing 747 ist es einfach zu früh zum Gehen, sind sie doch bei Piloten und Passagieren so beliebt.

Begleiten Sie mich in diesem Buch auf der spannenden Reise zu den faszinierendsten Flugzeugfriedhöfen der Welt.

Atemberaubende Orte und besondere Perspektiven auf die Giganten der Lüfte ermöglichen ein würdevolles Abschiednehmen, bevor aus den tonnenschweren Jets nur noch Aluminiumschrott übrig bleibt. Einige wenige Teile werden zum Glück gerettet, aufgearbeitet und bekommen ein zweites Leben als Möbelstück oder Schlüsselanhänger – doch dazu später mehr.

Sebastian Thoma
Sommer 2022

FLUGZEUGFRIEDHÖFE

Es gibt sie auf der ganzen Welt, ja sogar fast auf jedem beliebigen Flughafen gibt es eine Ecke, wo außer Dienst gestellte Flugzeuge parken. Manche Airports haben sich jedoch zu riesigen Flugzeugfriedhöfen entwickelt und sind genau dafür bei Flugzeugfans heute bekannt.

Unsere Reise beginnt in Nordamerika. Im Südwesten der Vereinigten Staaten von Amerika liegen gleich mehrere dieser Flughäfen. Im Norden von Los Angeles befindet sich die Mojavewüste. Dort befindet sich ein etwas kleinerer Flugzeugfriedhof, jedoch stehen hier viele besondere Maschinen aus längst vergangenen Tagen. Auch der Flughafen ist etwas ganz besonderes. So befinden sich hier die weltberühmte National Test Pilot School »NTPS« sowie mehrere Raumfahrtunternehmen. Deshalb erhielt der Airport mit der Kennung MHV auch seinen Namen: Mojave Air & Space Port.

Weiter südöstlich, vorbei an der für die Space-Shuttle-Landungen bekannten Edwards Air Force Base nahe der Stadt Victorville, liegt der Southern California Logistics Airport. Zusammen mit dem Flugzeughersteller Boeing beherbergt das Verwertungsunternehmen ComAv hier bis zu 500 Großraumflugzeuge, die in ihre Einzelteile zerlegt und recycelt werden. Die Wüstenumgebung ist perfekt, um die Flugzeuge lange zu konservieren. Bis zu ihrer Verschrottung dienen sie als Lagerort für diverse Ersatzteile, für die eine Lagerhalle viel zu groß wäre.

Victorville diente dem US-Konzern Boeing als Abstellfläche für einige Boeing 737 MAX sowie Boeing 787 Dreamliner, die während der Corona-Krise am Boden bleiben mussten. Delta Air Lines hatte einen Großteil der Mittelstreckenflotte auf einer der Landebahnen geparkt. So wurde selbst auf einem riesigen Flughafen mitten in der Wüste der Platz rar. Die meisten hier geparkten Maschinen gehören jedoch zur Frachtfluggesellschaft FedEx und werden für Ersatzteilspenden genutzt.

Noch im Großraum Los Angeles gelegen, befindet sich der Flughafen San Bernadino, der nicht nur Löschflugzeugen als »Home Base« dient, sondern in den vergangenen Jahren auch als Flugzeugfriedhof sehr bekannt geworden ist.

Wir verlassen Kalifornien und begeben uns nach Osten. Westlich der Stadt Tucson in Arizona befindet sich der Pinal Airpark. Ähnlich wie in Mojave stehen hier einige sehr alte Maschinen, die über viele Jahre gelagert und noch nicht verschrottet wurden. Ein Ort mit Flugzeugen von Airlines, die schon seit vielen Jahren nicht mehr existieren.

Schon historisch: Flugzeuge abgestellt in Marana, AZ – 1987

Direkt in Tucson befindet sich der größte Flugzeugfriedhof der Welt. Die Davis-Monthan Air Force Base beherbergt rund 4000 Flugzeuge. Die militärischen Fluggeräte sind zu einem großen Teil noch flugfähig und werden als Reserve vorgehalten, bis sie eines Tages verschrottet werden. Es handelt sich zum Beispiel um riesige Frachtflugzeuge, Bomber aus dem Kalten Krieg, Kampfjets, Hubschrauber und Spezialflugzeuge für die Antarktis oder Seeaufklärer. Nur einen Steinwurf entfernt findet man das Pima Air & Space Museum, wo es viele einzigartige Flugzeuge geschafft haben, der Verschrottung zu entgehen. Eine beeindruckend große Sammlung von zivilen und militärischen Flugzeugen wartet hier auf Besucher und Flugzeugfans.

Weiter nördlich liegt der Phoenix Goodyear Airport. Neben der traditionsreichen Außenstelle der Lufthansa-Flugschule, die sich gerade während der Coronazeit im Umbruch befindet, gibt es eine Parkfläche für Flugzeuge, die von einer ansässigen Werft zerlegt und verwertet werden.

200 Meilen in Richtung Las Vegas stößt man nahe des Colorado Rivers auf die Stadt Kingman. Auf dem Flughafen stehen vor allem hunderte Regionalflugzeuge, die auf ihre Verschrottung warten.

Wir verlassen die trockene Wüste und setzen unsere Reise im Südosten des Landes fort. Auch in Florida gibt es einige Flugzeugverwerter. Auf den Bildern wird jedoch deutlich, was passiert, wenn die Flugzeuge bei hoher Luftfeuchtigkeit gelagert werden. Es bilden sich schnell Schimmel und Korrosion.

Mit einem großen Sprung geht es nach Europa. In Deutschland gibt es keine Flugzeugfriedhöfe. Dies ist neben dem Klima auch durch den Platzmangel an den meisten Flughäfen des Landes begründet. Auf dem mittlerweile geschlossenen Flughafen Schwerin-Parchim lagerten jedoch einige Zeit lang mehrere Airbus A340, die teilweise dort zerlegt wurden. Auch in Mönchengladbach bei einem auf Propellerflugzeuge spezialisierten Unternehmen werden mehrere Flugzeuge gelagert und weiterverkauft oder verschrottet.

Mehr Platz und bessere Wetterbedingungen gibt es in Spanien, wo sich der noch junge Flughafen Teruel zum größten Flugzeugfriedhof Europas entwickelt hat. Während der Corona-Krise ab 2020 stehen dort hunderte Jets, überwiegend vierstrahlige Großraumflugzeuge. Lufthansa parkt hier ihre Airbus A340-600 und A380.

Die Firma TARMAC Aerosave hat neben Teruel auch in Südfrankreich einen Standort. Auf dem Flughafen Tarbes-Lourdes stehen ebenfalls dutzende Jets. Darunter auch nagelneue A350 von Airbus, die aufgrund der Pandemie nicht ausgeliefert werden konnten und vom Werk Toulouse überführt wurden.

Von Frankreich geht es mit einem Schlenker über den Flughafen Twente in den Niederlanden weiter nach Großbritannien. Ein Flugzeugfriedhof in Bruntingthorpe wurde 2020 aufgelöst, und aufgrund eines Besitzerwechsels des Flughafens wurden dabei auch historische Flugzeuge eines dort ansässigen Museums verschrottet. Noch verwendet wird jedoch der Cotswold Airport in Kemble, um Flugzeuge zu zerlegen. Jüngst kamen die aufgrund der Corona-Krise ausgeflotteten Jumbojets der British Airways hierher, um verschrottet zu werden.

Abschließend zeigt ein Fotoflug zu Lockdown-Zeiten über deutsche Verkehrsflughäfen das erschreckende Bild parkender Flugzeuge auf Landebahnen und Vorfeldern. Nicht nur die Maschinen bleiben am Boden. Tausende Arbeitsplätze in der Luftfahrt sind durch die größte Krise, die die Luftfahrt je erlebt hat, betroffen. Die Menschen hinter den Kulissen, ob im Cockpit oder am Gepäckband, sind es, die zu diesem Zeitpunkt keinen Job mehr haben. So etwas gab es nie zuvor. Weder nach den Anschlägen auf das World Trade Center am 11. September 2001, noch beim Ausbruch des isländischen Vulkans Eyjafjallajökull 2010 kam die Luftfahrt in diesem Ausmaß zum Erliegen.

Einige Flugzeuge leben in Museen weiter, andere schaffen es bei Flugzeugfans bis in ihr Wohnzimmer. So haben sich Firmen wie die Wilco Design GmbH (www.Flugzeugmöbel.de) darauf spezialisiert, Möbelstücke und Schlüsselanhänger aus recycelten Jets herzustellen. Auch diese finden einen Platz in diesem Buch.

Relikte des kalten Krieges

Während der Abrüstungsphase zum Ende des Kalten Krieges wurden auf der Davis-Monthan Air Force Base in Tucson zahlreiche B52-Bomber verschrottet. Dieses Bild von 1980 zeigt die Flugzeuge noch in einem flugfähigen Zustand. Einige der Einzelteile sind noch heute auf dem größten Flugzeugfriedhof der Welt zu finden.
Mehr dazu auf Seite 78.

THAI
N708SA

USA

Die meisten Flugzeugfriedhöfe befinden sich in Nordamerika. In den Wüsten von Kalifornien und Arizona herrschen optimale Bedingungen für die Lagerung von Flugzeugteilen. Die geringe Luftfeuchtigkeit und das überwiegend gute Wetter lassen eine Langzeitkonservierung zu. Dies ermöglicht einerseits die Flugzeuge als Lagerstätte für Einzelteile zu behalten, bis Bedarf entsteht, oder aber erst dann eine größere Zahl von Fliegern zu zerlegen, wenn der Aluminiumpreis hoch genug ist, um die Arbeit lohnend zu machen.

Jumbo im Ruhestand
Die Boeing 747 von Thai Airways bediente neben der Langstrecke auch beliebte Inlandsstrecken wie Bangkok–Phuket. Während der Corona-Krise gehörte die Fluggesellschaft aber zu den Airlines, die früher als geplant Abschied von den Vierstrahlern nahmen. Sie ist einer der letzten Betreiber des Jumbojets in der Passagierversion. Dieses Exemplar flog als HS-TGM und wurde 2013 nach 21 Dienstjahren bei der Thai Airways ausgemustert und nach langer Lagerung im Frühjahr 2020 endgültig verschrottet.

EVA AIR Cargo
Martinair CARGO
ATLAS AIR
ATLAS AIR
ATLAS AIR
Martinair

Mojave Air & Space Port

In der Mojavewüste liegt der bekannte Mojave Air & Space Port. Hier befinden sich nicht nur die National Test Pilot School, eine weltbekannte Flugschule für Testpiloten, sondern auch Unternehmen wie Virgin Galactic, ein Raumfahrtunternehmen, das seit 2004 an Projekten für den Weltraumtourismus arbeitet. Am 11. Juli 2021 absolvierte das Raumfahrzeug VSS Unity von dort aus erfolgreich seinen ersten Passagierflug mit Firmengründer Richard Branson an Board und erreichte eine Höhe von 282.000 Fuß (rund 86 km).

Hier sind vor allem Frachtmaschinen zu sehen. Die meisten von ihnen haben bereits ihr zweites Leben hinter sich. Die Fenster in der Kabine deuten darauf hin, dass es sich bei den meisten dieser Maschinen um ehemalige Passagierflugzeuge handelt, die zu Frachtern umgebaut worden waren. Dazu wird in der Regel ein Verladesystem verbaut sowie die Rumpfstruktur an einigen Stellen verstärkt, um eine große Frachtluke integrieren zu können.

Das kleine Bild oben zeigt eine Boeing 747-400 der Atlas Air beim Start in Hongkong. Sie ist noch heute ein viel genutztes Flugzeug. Gerade im Frachtbetrieb fliegen meist noch ältere und unkomfortablere Maschinen und überleben daher länger als im Passagierflugbetrieb. Die Vorgänger-Baureihen Boeing 747-100, -200 und -300 wie links im Bild sind heute aber auch bei Frachtfluggesellschaften kaum noch im Einsatz.

Auch die Lufthansa schickt in die Wüste …

Auf der Nordostseite der Landebahnen befindet sich ein großer Flugzeugfriedhof. Hier stehen unterschiedlichste Flugzeugtypen aus aller Welt. Die 1991 gebaute D-ABTF, einst getauft auf den Namen »Thüringen«, ist eine von mehreren Lufthansa-Jumbos, die auf ihr Ende warten. Während diese Maschine schon seit 2014 in Mojave steht, kamen durch eine vorzeitige Stilllegung im Zuge der Corona-Pandemie weitere Schwestermaschinen Anfang 2021 dazu.

→ Bereits zerlegt

Während die noch nicht zerlegten Flugzeuge als Lagerhalle für Einzelteile dienen, stehen größere Bauteile frei auf dem Flugzeugfriedhof herum. Bei diesem Rumpfteil handelt es sich um eine Boeing 737-200 der amerikanischen Metrojet, die 2001 in US Airways aufging. Im Hintergrund ist ein Rumpfteil der Eastern Air Lines zu sehen, die bereits weitere zehn Jahre zuvor aufgrund finanzieller Probleme den Betrieb einstellte.

ERN

Noch zu retten?

Unter den Flugzeugfans sucht man verzweifelt nach Rettern für die Überreste dieser PBY-5A Catalina, einem amerikanischen Flugboot aus dem Zweiten Weltkrieg. Statt in einem Museum bewundert zu werden, steht es seit Jahrzehnten in der Mojavewüste und konnte der endgültigen Verschrottung bislang entgehen. Durch die Corona-Pandemie wird nun aber jeder Platz benötigt, um weitere Flugzeuge parken zu können.

Antriebslos im hier und jetzt

Die ersten Bauteile eines Flugzeugs, die entfernt werden, sind fast immer die Triebwerke. Dies hat mehrere Gründe. Zum einen gehören sie nicht zwangsläufig zum Flugzeug, sondern sind von einem Leasinggeber geleast worden und werden bei Außerdienststellung zurückgegeben, um für andere Flugzeuge als Ersatzteilträger oder Austauschtriebwerk zu fungieren. Weiterhin sind die verwendeten Materialien die hochwertigsten und teuersten Teile am Flugzeug und bringen so den höchsten Profit bei der Verwertung.

↓ Jumbo-Treffen

Flugzeuge von Businessjets über kleinere Passagiermaschinen bis hin zum Jumbo sind hier abgestellt. Sie kommen von allen Kontinenten der Welt zusammen. Auf dem folgenden Bild zu sehen sind vor allem die Boeing-747-Jets der Deutschen Lufthansa, der thailändischen Thai Airways, der australischen Qantas sowie der heimischen United Airlines.

HS-TGM

Lufthansa
Lufthansa

TF
ufthansa.com
D-ABTF
TH
THAI
HS-TGL

MD-11

Ein Jet mit Geschichte

Die Ehre des letzten kommerziellen Passagierflugs eines dreistrahligen Großraumflugzeuges hatte am 11.11.2014 eine MD-11 der niederländischen KLM. Das Ticket für den Flug kostete 111 Euro. Die Maschine trug besondere Sticker am unteren Rumpf, die noch heute an ihrer letzten Ruhestätte zu sehen sind. Offenbar gab es für das Fahrwerk der Maschine schnell einen Abnehmer, so wurde die blaue Ikone kurzerhand auf Holzstapeln aufgebockt. Die MD-11 gehörte für viele Jahre zum festen Programm am Flughafen von Amsterdam (Bild oben). Nun gibt es sie weltweit nur noch als Frachtversion in der Luft zu bewundern. Aber auch hier ist ein Ende des Dreistrahlers in Sicht.

Der letzte Flug

Zum Abschied des Dreistrahlers veranstaltete KLM drei Rundflüge mit der MD-11. Die Besatzungen und Passagiere verabschiedeten sich mit zahlreichen Grußbotschaften, die im Inneren des Flugzeuges aber auch auf der Außenhaut neben den Türen platziert worden sind.

EVA AIR Cargo
SOUTHERN AIR
N818SA
N716SA
N740SA
Clipper America

Keep reaching for the stars ...

Ein ganz besonderes Flugzeug ist diese kurze Variante der Boeing 747. 1980 ausgeliefert, flog die 747SP zunächst für Braniff Airways und wechselte später unter anderem zu Pan Am, United Airlines und der Regierung des Oman. Schließlich wurde der Jumbo mit der Kennung N747A von der NASA gekauft, um als Ersatzteilspender für ihr fliegendes Teleskop (Bild oben) zu dienen. Die SOFIA (Stratosphären-Observatorium für Infrarot-Astronomie) ist ein deutsch-amerikanisches Projekt und nutzt eine Boeing 747SP als Trägerplattform für ein Spiegelteleskop, um in großen Höhen über wenig lichtverschmutzten Gebieten optimale Aufnahmen des Weltraums zu ermöglichen.

Im Frühjahr 2022 kündigten das Deutsche Zentrum für Luft- und Raumfahrt und die NASA aus Kostengründen das Ende des Programms an. Die SOFIA soll im September 2022 den Flugbetrieb für immer einstellen.

Der Teilespender

Was auf den ersten Blick aussieht wie ein schrecklicher Flugunfall, ist »nur« eine bereits teilweise zerlegte United Boeing 747. Sie war mit ihrem Cockpit und den vier Triebwerken Teilespender für das in Mojave gebaute »Model 351 Stratolaunch«, dem von der Spannweite her größten jemals gebauten Flugzeug der Welt. Es sollte als Trägerplattform für Raketen dienen und diese in großer Höhe starten lassen. Es war angedacht, die Kosten eines Starts auf diese Weise drastisch zu reduzieren. Nach dem Erstflug im April 2019 lag das Projekt lange still, da Firmengründer und Hauptinvestor Paul Allen kurz zuvor leider verstorben war. Inzwischen wurde das Flugzeug reaktiviert und soll bald Hyperschall-Testflugzeuge und Raketen in großer Höhe ausklinken.

↓ 2 von 50

Die Douglas C133 Cargomaster war mit nur 50 gebauten Exemplaren ein eher seltenes Frachtflugzeug der US Air Force. Es wurde in den 1970er-Jahren durch die C-5 Galaxy ersetzt. Nur rund ein halbes Dutzend der Maschinen existieren noch in Museen. Aber hier stehen gleich zwei von ihnen geparkt auf dem Mojave Air & Space Port.

N198UA

Überall Sand

Kaum vorstellbar, dass diese Douglas C133 Cargomaster einmal geflogen ist. Über die lange Zeit ist der Wüstenstaub bis ins Innere vorgedrungen und die Hitze verbunden mit dem UV-Licht haben ihr Übriges getan. Das klein wirkende, doch in Wirklichkeit riesige Rad des tonnenschweren Frachters verdeutlicht die Größe des Laderaums.

Über eine Leiter gelangt man in das etwas höher gelegene Cockpit. In Flugzeugen dieser Zeit bestand die Besatzung üblicherweise aus mindestens drei Mitgliedern. Zu sehen ist im Vordergrund der Arbeitsplatz des Flugingeneurs, der vor allem für die Überwachung der Triebwerke und Instrumente zuständig war.

↓ Das »Ausweiden« hat begonnen

Bei dem Jumbojet der niederländischen KLM handelt es sich um die sogenannte Combi-Variante „Boeing 747-400M". Im vorderen Teil sitzen Passagiere, während im hinteren Teil, nur getrennt durch einen Vorhang, Fracht transportiert wird. Dazu verfügt die Maschine über eine Ladeluke im hinteren Bereich des Rumpfes.

BOEING 747-400

Begehrt für neue Zwecke

Zwei Cockpitsegmente der Boeing 747. Eine mögliche Wiederverwendung ist der Bau eines Flugsimulators im »Homecockpit«. Daher sind diese Bauteile bei Sammlern und Flugzeugenthusiasten sehr beliebt und entgehen oft der Verschrottung.

→ Das war mal Lufthansa

Kaum noch zu erkennen, dass dieser Jumbo mal für die Deutsche Lufthansa flog. Beim genauen Hinsehen erkennt man noch Teile der Bordküchen und zwei Sitze auf dem oberen Deck in luftiger Höhe. Aus den Fenster- und Rumpfteilen entstanden Möbelstücke und Schlüsselanhänger für Flugzeugfans. Aus originaler Außenhaut des Flugzeugs wurden handliche Stücke geschnitten und mit einer Seriennummer graviert. Die Anhänger der D-ABVC sind heiß begehrt und werden unter Sammlern heute hoch gehandelt.

ANA

ANA

Der Gimli-Glider – eine wahre Berühmtheit

Eine wahre Berühmtheit ist die Boeing 767, oben im Bild. Bekannt geworden ist die Maschine der Air Canada durch einen Zwischenfall im Juli 1983. In einer Flughöhe von 41.000 Fuß (12.500 Meter) ging aufgrund eines Rechenfehlers beim Betanken der Treibstoff aus. Das führte dazu, das nacheinander beide Triebwerke ausfielen. Die Elektrik fiel ebenfalls aus und man berechnete, dass der Gleitflug nicht bis zum Ausweichflughafen Winnipeg reichen würde. Das Passagierflugzeug wurde im Segelflug auf der ehemaligen Militärbasis im kanadischen Gimli gelandet. Auf der stillgelegten Landebahn fand eine Veranstaltung mit zahlreichen Besuchern statt. Wie durch ein Wunder wurde bei der Landung niemand verletzt und das Flugzeug, welches ohne Landeklappen deutlich schneller landete als sonst und nicht einmal mehr über Gegenschub verfügte, kam nur 30 Meter vor der Veranstaltung zum Stehen. Die geringen Schäden, die durch das Versagen des nicht verriegelten Bugfahrwerks bei der Landung entstanden, wurden schnell repariert und die Boeing flog weiter bis 2008 im Liniendienst der kanadischen Airline. Nach einem letzten kommerziellen Flug nach Tucson in Arizona wurde der »Gimli-Glider« nach Mojave überführt, wo er im September 2017 verschrottet wurde.

Beachtliche Kollektion
Ein begeisterter Sammler hat sich mitten in der Wüste, östlich vom kalifornischen Palmdale, eine beachtliche Sammlung an Flugzeugüberresten aufgebaut. Einige dieser Flugzeuge wurden an Filmprojekte vermietet oder verkauft. So auch der Kampfjet unten links im Bild, welcher eigens für eine Hollywood-Produktion gebaut wurde und nie wirklich existierte. Auch ein »Air Force One« Mock-Up ist auf dem Bild zu sehen.

Blackbird Airpark

Ein kleines aber sehr besonderes Museum befindet sich an der Air Force Plant 42 Palmdale in Kalifornien. Der Blackbird Airpark gehört zum Air Force Flight Test Museum der nördlich gelegenen Edwards Air Force Base und beherbergt unter anderem Überschallflugzeuge vom Typ SR-71 Blackbird und den NASA Boeing 747 Shuttle Carrier, der das Space Shuttle auf dem Rücken transportierte.

Southern California Logistics Airport Victorville

Auf den betonierten »scrap pads« im kalifornischen Victorville werden die Flugzeuge nach und nach zerlegt. Bagger helfen dabei, die Maschinen in handliche Einzelteile zu zerlegen, die später recycelt werden. Auf dem Bild zu sehen ist ein Kurzstreckenflugzeug vom Typ Airbus A320 der japanischen All Nippon Airways. Kurz darauf folgen wohl die Langstreckenmuster Boeing 767 und Boeing 777 derselben Airline, welche auch schon gefährlich nah am »scrap pad« geparkt stehen.

2020: Ende für die Queen of Skies

Bei Flugzeugliebhabern als »Queen of Skies« oder »Königin der Lüfte« bezeichnet, war die Boeing 747 lange das Flaggschiff der British Airways. Die Airline hatte zuletzt die mit Abstand größte Flotte an aktiven Jumbojets. Während die Ausmusterung der unwirtschaftlicheren Vierstrahler schon früh begann, wurde sie deutlich früher als geplant abgeschlossen. Im Oktober 2020 hoben die letzten Jumbos aus London ab und beendeten eine Ära. Es war für die Briten wohl ein ähnlich schmerzhafter Abschied von der Ikone wie vom Überschallflugzeug Concorde.

Das Bild oben zeigt die Landung eines BA-Jumbos auf dem Flughafen von Los Angeles. Für viele europäische Flugzeuge ist das der letzte Flughafen, den sie anfliegen, bevor sie auf die nahegelegenen Flugzeugfriedhöfe Victorville (Bild rechts) oder Mojave überführt werden.

Lufthansa Cargo
BRITISH AIRWAYS
BRITISH AIRWAYS
UNITED
CHINA AIRLINES
oneworld
CHINA AIRLINES
CHINA AIRLINES
BRITISH AIRWAYS
CHINA AIRLINES
BRITISH AIRWAYS
CHINA AIRLINES
BRITISH AIRWAYS
UNITED
UNITED

Erst Classic, dann MAX

Diese blauen Kurzstreckenflugzeuge flogen im Auftrag der Billigfluglinie Southwest Airlines. Die Fluggesellschaft betreibt ausschließlich Maschinen des Typs Boeing 737 und hat damit die größte 737-Flotte der Welt. Diese älteren Modelle wurden im Zuge der Flottenmodernisierung außer Dienst gestellt. Kurze Zeit später standen jedoch auch die werksneuen Maschinen des Typs Boeing 737 MAX am Flughafen Victorville geparkt. Nach zwei tödlichen Flugunglücken in 2018 und 2019 erfolgte ein fast weltweites Flugverbot für die neue MAX-Version der Boeing 737. Erst 2021 wurde der Betrieb nach der Korrektur der Software und einer langwierigen Rezertifizierung wieder aufgenommen.

So diente der Flughafen Victorville nicht nur als Flugzeugfriedhof, sondern auch als Parkplatz für unzählige neue Flugzeuge, die aufgrund des Groundings nicht ausgeliefert werden konnten. Davon machten 2020 auch nagelneue Boeing 787 »Dreamliner« Gebrauch, welche aufgrund der gesunkenen Nachfrage im Langstreckenverkehr im Zuge der Corona-Krise nicht von den Airlines abgenommen wurden.

DIE AUSMUSTERUNG DER KÖNIGLICHEN MARTINAIR MD-11 PH-MCU »PRINSES MÁXIMA«

Am 1. Juli 2016 sollte ich planmäßig eine der letzten MD-11 von Martinair zum Flugzeugfriedhof namens Victorville an der Westküste der USA fliegen. Der Flug war in zwei Strecken aufgeteilt.
Unser erstes »Leg« bestand darin, sie mit einer vollen und letzten Ladung Fracht von unserer Heimatbasis Amsterdam nach Miami zu bringen. Es war ein grauer, wolkiger und regnerischer Tag, der perfekt zu diesem sehr traurigen Ereignis passte. Am Flughafen Schiphol waren viel Bodenpersonal und viele Luftfahrtbegeisterte anwesend, um ihren letzten Abflug mitzuerleben. Der Flug in der legendären dreistrahligen Maschine nach Miami verlief ereignislos. Sie hatte der Frachtfluggesellschaft Martinair 20 Jahre lang außerordentlich gute Dienste geleistet, in denen sie 88135 Flugstunden und 17431 Starts und Landungen gesammelt hatte.
Nach einem 24-stündigen Aufenthalt in Miami flogen wir »Prinses Máxima« zu ihrem letzten Rastplatz am Flughafen Victorville in Kalifornien. Nachdem wir ihre Triebwerke zum letzten Mal gestartet hatten, erhielten wir zum Abschied eine beeindruckende Wasserfontäne von der Feuerwehr des Flughafens Miami. Der Flug nach Westen dauerte rund 4,5 Stunden. Am Flughafen Victorville erwartete uns ein strahlend blauer Himmel und ich landete meine Lieblings-MD-11 auf der Landebahn 17 mit einem Sichtanflug. Während des Rollens wurde mir klar, dass das Ende nah war, und als wir alle drei Triebwerke abgestellt hatten, war das ein sehr emotionaler Moment.
Es war ein seltsames Gefühl, ein so großartiges Flugzeug auf einem sogenannten »Friedhof« zurückzulassen. Diese MD-11 war immer noch in einem guten Zustand und sollte noch viele Jahre fliegen, anstatt auf unbestimmte Zeit geparkt zu werden.
Traditionell haben wir noch ein paar Abschiedsworte auf ihrem Rumpf hinterlassen, die sie daran erinnern, wie sehr sie von vielen geliebt wurde. Wir posierten für zahlreiche Bilder und unsere Martinair MD-11F mit der Registrierung PH-MCU und dem Namen »Prinses Máxima« wurde von diesem Moment an offiziell an ihren neuen Besitzer FedEx übergeben. Innerhalb weniger Tage wurden alle drei Triebwerke abmontiert und die Maschine wurde in einen anderen Bereich des Flughafens verlegt, wo sie derzeit noch von vielen anderen ausgemusterten Flugzeugen umgeben ist.

Kapitän George de Waard
Aus dem Englischen von Patricia Kurkowski

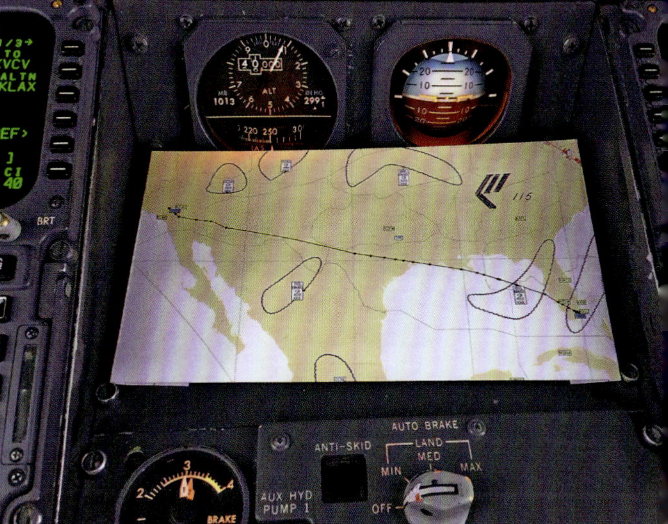
ANTI-SKID
AUTO BRAKE
LAND
MED
MIN
MAX
OFF
AUX HYD
PUMP 1

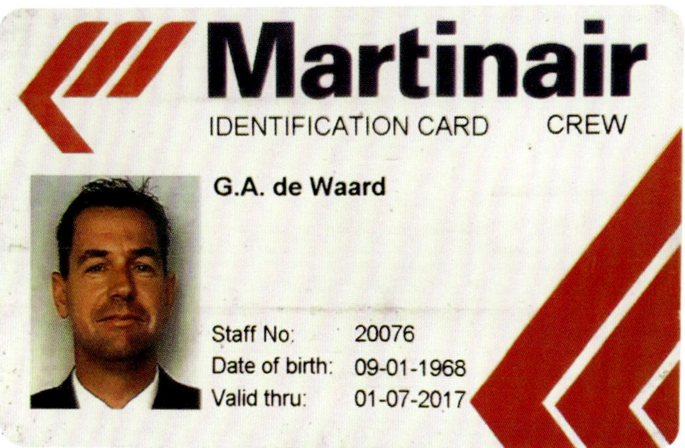
Martinair
IDENTIFICATION CARD
CREW
G.A. de Waard
Staff No: 20076
Date of birth: 09-01-1968
Valid thru: 01-07-2017

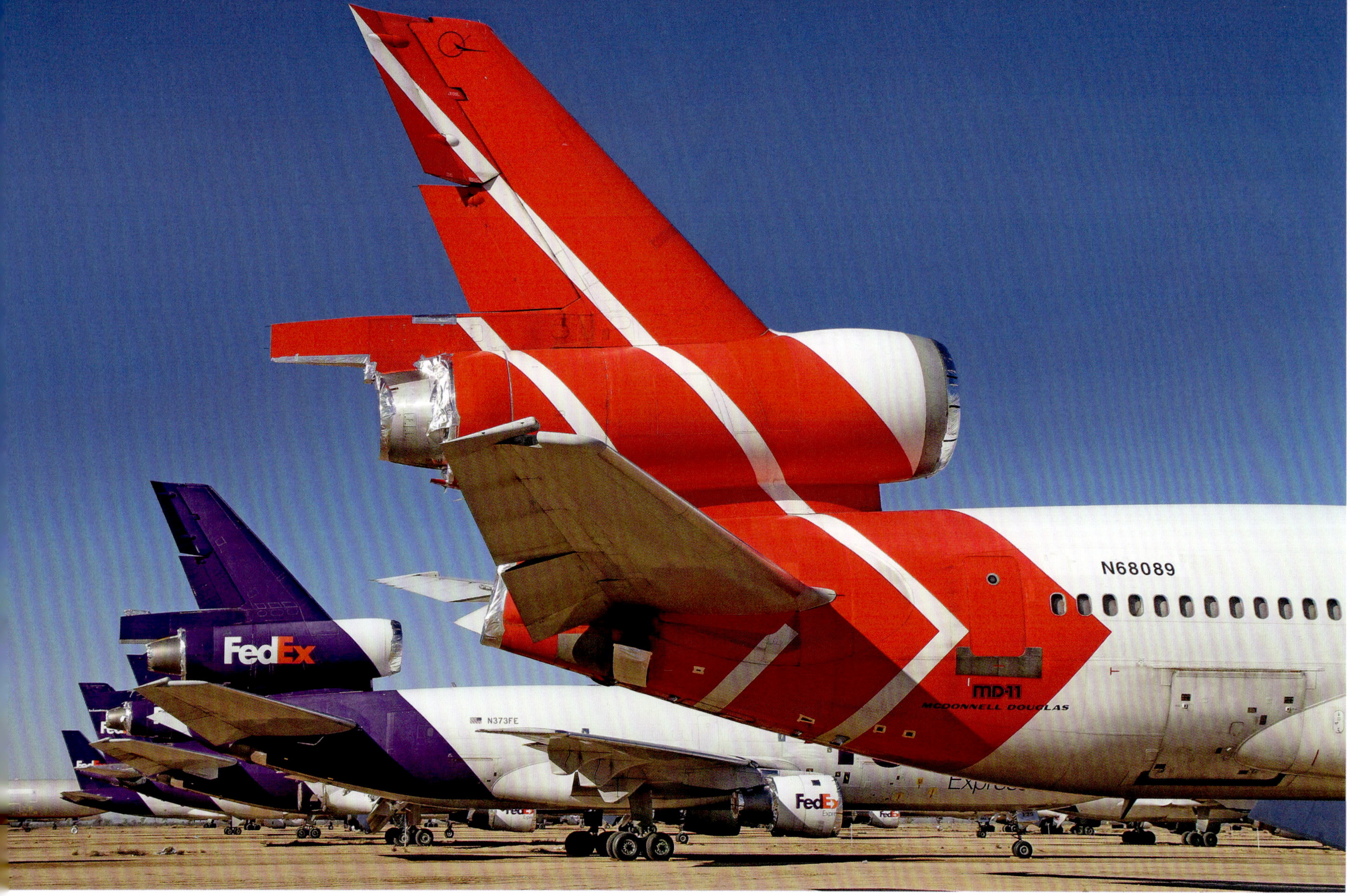

Martinair CARGO
FedEx
Express

Schluss mit den Transportaufgaben

Eine ungewöhnliche Stille herrscht zwischen den riesigen Langstreckenfliegern, welche auf dem Southern California Logistics Airport in Victorville geparkt sind. Ein fast beklemmendes Gefühl, kennt man Flugzeuge doch sonst nur in der hektischen Umgebung eines Flughafens mit viel Lärm und Gewusel. Die McDonnell Douglas MD-11CF der Martinair Cargo wurde einst zum Frachter umgebaut und flog viele Jahre unter der holländischen Registrierung PH-MCS, bevor FedEx die Maschine als Ersatzteilträger kaufte. Seit 2016 steht sie zusammen mit ihrer Schwestermaschine PH-MCU (siehe vorige Seite) in Victorville.

Zwillinge?

Diese beiden Maschinen sind unzertrennlich. 1994 gebaut, wurden sie aus Kalifornien an die italienische Fluggesellschaft Alitalia ausgeliefert. 2005 ging es unter neuer Registrierung D-ALCR bzw. D-ALCS zur Lufthansa Cargo nach Frankfurt. Weitere elf Jahre später wurden die Maschinen zurück zu ihrem Geburtsort Kalifornien geflogen, wo sie an Western Cargo Global verkauft wurden und seitdem auf einen erneuten Einsatz im Frachtgeschäft oder die Verwendung als Ersatzteilträger warten. Im Oktober 2021 flog die letzte von einst 19 MD-11 im Auftrag der Lufthansa Cargo. Damit endete ein über 20 Jahre langes Kapitel. Heute betreibt die Frachtfluggesellschaft eine reine Boeing 777 Flotte und hat kürzlich zwei zum Frachter umgebaute Airbus A321 erhalten, die von der Lufthansa Cityline bereedert werden.

Bald staatstragende Rolle

Dieses Bild wurde kurz nach der Außerdienststellung der Boeing 747 bei United Airlines aufgenommen. Es handelte sich um die letzte amerikanische Airline, die den prestigeträchtigen Jumbojet für Passagierflüge einsetzte. Zum feierlichen Abschied flog eine Maschine mit einem besonderen »Friend-Ship«-Sticker (links im Bild, zweite Maschine von unten) die Route San Francisco nach Honululu. Es ist die gleiche Strecke, mit der die Fluglinie am 23. Juli 1970 ihren ersten Jumbojet in Dienst gestellt hatte. Seit November 2017 lagert ein Großteil der Flotte in Victorville und wartet auf die Verschrottung.

Im oberen rechten Teil des Bildes sind zwei werksneue Boeing 747-8i zu sehen. Diese Maschinen sollten einst an die russische Transaero ausgeliefert werden, die jedoch aufgrund von Insolvenz im Jahre 2015 den Betrieb einstellen musste. Stattdessen sind diese Maschinen nun zur militärischen Umrüstung geplant und als Nachfolger der Boeing VC-25, besser bekannt als Air Force One, vorgesehen.

Ex FedEx

Ein Großteil der Flugzeuge in Victorville gehört der Frachtfluggesellschaft FedEx. Die meisten Cargo-Flugzeuge haben bereits ein Leben als Passagiermaschine hinter sich. Sie werden dann zum Frachter umgerüstet. Das führt dazu, dass ältere Muster wie der Airbus A300 oder die Dreistrahler DC-10 und MD-11 noch heute im aktiven Dienst sind. Die hier geparkten Flugzeuge dienen jedoch nur noch als Ersatzteilspender für die aktive Flotte.

FedEx und andere in Köln

Der Flughafen Köln-Bonn erwacht nachts, wenn zahlreiche Frachtflieger Tonnen von Gütern umschlagen. Gerade bei Cargo-Flugzeugen lassen sich noch ältere Muster wie die dreistrahlige MD-11 finden (zweite von vorn und im Hintergrund).

FedEx
Express
FedEx
FedEx
Express
FedEx
Express
The Wide Body Era
Future Freighter
Fleet Growth

Museumsreif

Ein Rumpfsegment der Boeing 727 in Victorville wurde vor der Verschrottung gerettet und steht nun im Museum of Flight nahe des Boeing-Werks in Seattle. Es zeigt, dass unten im Rumpf lose Pakete und oben große Container transportiert werden. Der Rest des Flugzeuges wurde in Kalifornien zurückgelassen und später verschrottet.

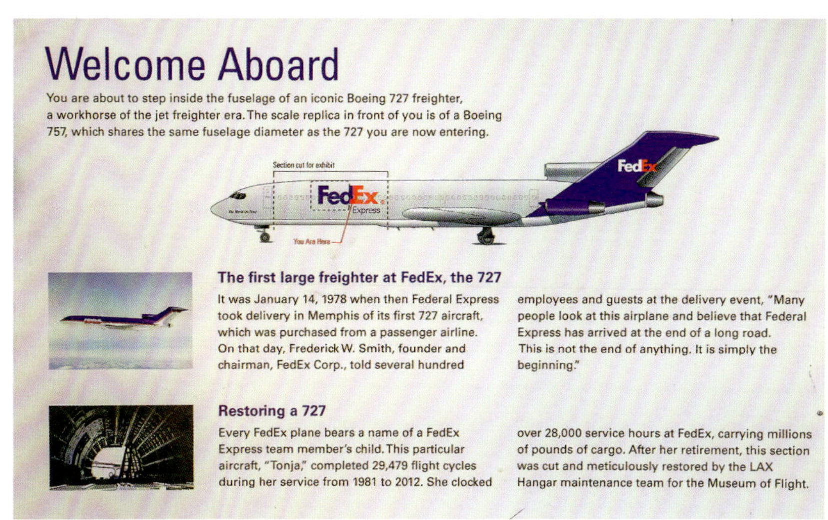

EVA AIR
EVA AIR
EVA AIR

↑ + ↑↑ San Bernardino

Ein weiterer kalifornischer Flugzeugfriedhof, der in den vergangenen Jahren stark gewachsen ist, liegt in San Bernardino, östlich von Los Angeles. Der 1942 von der US Air Force in Betrieb genommene Flughafen wird heute primär von der allgemeinen Luftfahrt verwendet. Die mehr als drei Kilometer lange Landebahn ermöglicht jedoch auch größten Flugzeugen hier zu landen und der Verwertung zugeführt zu werden.

Noch auf eigenen »Beinen«

Zwei zuvor in Japan stationierte Boeing 777 finden hier die ewige Ruhe. Die zwölf Räder des Hauptfahrwerks befinden sich noch in einem guten Zustand, während die Pratt & Whitney PW4090 Triebwerke und zahlreiche andere Teile bereits abgebaut wurden.

Pinal Airpark – prima Klima

Unsere Reise führt uns in das 400 Meilen weiter östlich gelegene Marana. Der Pinal Airpark wurde ursprünglich im Zweiten Weltkrieg für die Pilotenausbildung gebaut. Nur kurze Zeit später wurde er jedoch nicht mehr benötigt und zu einem zivilen Flugplatz umfunktioniert. Die Klimabedingungen in der trockenen Wüste sind ideal und so entstand am abgelegenen Pinal Airpark einer von vielen Flugzeugfriedhöfen in Arizona.

Lufthansa
Lufthansa
cargo
DELTA

TRANS WORLD
TWA

← + ↓ Die Wüste lebt …
Die 1976 gebaute Boeing 747-100 der TWA (oben Mitte) stand seit 1997 auf dem Friedhof, bevor sie nach 23 Jahren Lagerung kürzlich weiter zerlegt wurde. Teile der Außenhaut sind nun als Schlüsselanhänger zu erwerben. Die »Planetags« von seltenen Airlines wie der TWA sind bei Sammlern heiß begehrt.

Andere traditionsreiche Jets wurden nun nach langer Lagerung komplett verschrottet. Grund war, dass plötzlich dringend sehr viel mehr Platz benötigt wurde, um die zahlreichen während der Corona-Pandemie nicht benötigten Flugzeuge von amerikanischen und kanadischen Airlines hier zwischenparken zu können. 2020 befand sich kaum noch eine freie Stelle auf dem riesigen Flughafenareal.

中国国际航空公司
AIR CHINA

Jede Menge Boeing-Jets

Dieses Bild entstand kurz nach der Außerdienststellung der Boeing 747 bei Delta Airlines. Die Airline trennte sich Ende 2017 von ihrem damaligen Flaggschiff. Auch eine große Anzahl des Mittelstreckenfliegers Boeing 757 nahm die Airline außer Betrieb.

Ganz rechts im Bild zu sehen ist eine Boeing 747-8i in der Frachtversion. Das Testflugzeug von Boeing trug eine Sonderlackierung mit dem Schriftzug „Go Seahawks". Damit unterstützte Boeing die American-Football-Mannschaft Seattle Seahawks aus der Heimat des Flugzeugherstellers.

Lange Schatten
F-16 Kampfjets im Sonnenuntergang über Arizona.

→ Davis-Monthan Air Force Base

Unweit des Pinal Airparks befindet sich die Davis-Monthan Air Force Base in Tucson, Arizona. Es ist mit Abstand der größte Flugzeugfriedhof der Welt. Rund 4000 militärische Fluggeräte vom Bomber bis zum Frachter und vom Transporthelikopter bis zum Kampfjet stehen hier geparkt. In Fachkreisen geht man davon aus, dass rund zwei Drittel der Flugzeuge im Bedarfsfall reaktiviert werden könnten. Betrieben wird die Einrichtung von der 309th Aerospace Maintenance and Regeneration Group – kurz AMARG.

Das einst größte Flugzeug der Welt

Die Lockheed C5 Galaxy wurde in den 1960er-Jahren entwickelt und war das größte Flugzeug der Welt, bis es 1982 von der russischen Antonow AN-124 Ruslan abgelöst wurde. Einige der 131 gebauten Exemplare wurden mit neuen Triebwerken und Instrumenten modernisiert und sollen noch bis ins Jahr 2040 fliegen. Die Flugzeuge, die hier zu sehen sind, gehören leider nicht dazu.

→ Abrüstung

Ende der 1990er-Jahre wurden rund 350 B-52 Bomber verschrottet. Sie wurden aufgrund eines Abrüstungsabkommens mit Russland in große Einzelteile zerlegt und mussten mindestens 90 Tage unter freiem Himmel lagern, bis russische Aufklärungssateliten sie erfassen konnten und der »große Gegner« sich so von der Verschrottung der Atomwaffenträger überzeugen konnte.

Pima Air & Space Museum

Ebenfalls in Tucson gelegen befindet sich das Pima Air & Space Museum. Es ist eine Pilgerstätte für Flugzeugfans aus der ganzen Welt. In Hangars und auf einer großen Freifläche präsentieren sich rund 300 zivile und militärische Maschinen. Dieser Businessjet vom Typ Lockheed L-1329 JetStar wurde als Plattform für ein Kunstwerk verwendet. Geschmäcker sind bekanntlich verschieden, aber zumindest wurde so einer der wenigen vierstrahligen Businessjets so vor der Verschrottung gerettet.

Pima Air & Space Museum

Weitere Exponate sind zahlreiche Militärhubschrauber sowie eine Super Guppy der Nasa, die unter anderem Raketenteile der Saturn V (Apollo 11 Mond-Mission) transportierte. Oben links ist eine der ersten Boeing 727 zu sehen, die später für United Airlines flog. Der Flugzeugtyp war der Auftakt zu Boeings riesiger Erfolgsgeschichte. Ihr Nachfolger, die zweistrahlige Boeing 737 mit nahezu identischem Rumpf, wurde wenig später zum Verkaufsschlager.

U.S.ARMY

Phoenix Goodyear Airport

Ein etwas kleinerer Flugzeugfriedhof befindet sich am Flughafen Goodyear bei Phoenix. Direkt neben der Lufthansa-Flugschule ATCA (Airline Training Center Arizona) befindet sich ein Verwerter, der Flugzeuge verschiedenster Typen zerlegt. So befinden sich auf dem Bild rechts unter anderem Boeing 737, 747, 757, 767 und 777 sowie Airbus A319, A320, A330, eine Embraer 135 sowie eine MD-80. Ein ungewöhnlich vielseitiger Mix.

ORENAIR
tame
XL

Kingman Airport
Im Südosten von Las Vegas unweit des Colorado Rivers liegt der Kingman Airport. Hier zu finden sind vor allem kleinere Flugzeuge – ausgemusterte Regionaljets vom Typ Canadair Regional Jet (CRJ) oder Embraer E135/145.

Platz für Exoten

Neben den Kurzstreckenflugzeugen, die vor allem Zubringerflüge zu kleineren amerikanischen Flughäfen durchführten, stehen in Kingman auch einige Exoten. Dazu zählen die seltenen DC-8 Frachter, die zuletzt im Auftrag der DHL unterwegs waren, jedoch auch der Embraer E-Jet, aufgebockt auf Holzstapeln links im Bild. Die PP-XJD war ein Prototyp des erfolgreichen ERJ's, der heute bereits in seiner zweiten, modernisierten Version fliegt.

Rechts unten im Bild zu sehen sind vier McDonnell Douglas MD-80, die in Europa für die Star-Alliance-Mitglieder Scandinavian Airlines und Spanair unterwegs waren. Letztere stellte aufgrund von Insolvenz im Jahr 2012 den Betrieb ein.

Die betagte Boeing 727 flog in Indien für Kingfisher Airlines. Die Fluggesellschaft stellte ebenfalls 2012 den Betrieb ein, nachdem ihr die Lizenz aufgrund großer finanzieller Verluste von der Regierung entzogen wurde.

Orlando Sanford

Wir befinden uns nun an der Ostküste Amerikas im »Sunshine State« Florida. Die Bilder zeigen eindrucksvoll, was passiert, wenn Flugzeuge nicht trocken, sondern in einem sehr feucht-warmen Klima geparkt werden (siehe Seite 95). Am Flughafen Orlando Sanford befindet sich das Wartungsunternehmen Avocet, welches unter anderem mehrere Lufthansa Boeing 737 übernahm, nachdem die deutsche Airline das Muster 2016 außer Betrieb genommen hatte. Die Airline war maßgeblich an der Entwicklung der 737 beteiligt und erhielt das erste Serienflugzeug überhaupt. Statt auf die 737 MAX zu setzen, entschied sich Deutschlands größte Fluggesellschaft, den Kurzstreckenverkehr mit einer reinen Airbus-A320-Flotte zu bedienen.

Europäische Maschinen in Florida
Eine deutsche Boeing 737 der Lufthansa teilt sich das Vorfeld des Flugzeugverwerters mit einem Airbus A340 Langstreckenjet der britischen Virgin Atlantic Airways.

→ Eine hohe Luftfeuchtigkeit fordert Tribut
MTA (Master Top Airlines) war eine brasilianische Frachtfluggesellschaft, die von 2006 bis 2011 operierte. Zwei der drei betriebenen McDonnell Douglas DC-10-30F warten hier in Orlando Sanford auf ihre Verschrottung. Anders als bei den Flugzeugfriedhöfen im Westen des Landes ist hier deutlich zu sehen, wie die hohe Luftfeuchtigkeit und die örtlichen Wetterphänomene die Flugzeuge verrotten lassen. Auch die zwei DC-10 der Cielos Airlines sehen nicht viel besser aus. Die Frachtfluggesellschafft mit Sitz in Peru stellte im Juni 2012 den Betrieb ein.

MTA
CARGO
CARGO
CIELOS
MTA
CARGO
CIELOS
DHL

Miami Opa-locka Airport

Ebenfalls in Florida liegt der Miami Opa-locka Airport. Hier stehen mehrere in der Sowjetunion entwickelte Antonow AN-12. So robust die Frachter auch sind, lassen sich auch hier erste Zeichen des feuchten Klimas erkennen. Die Avialeasing ist eine usbekische Fluggesellschaft mit Basis auf dem Flughafen Taschkent. Neben den drei Antonow AN-12 gehörte auch eine Iljuschin Il-76 zur Flotte. Die AN-12 wurden zuletzt an die SRX Group Florida verleast.

AN-12B
SRX
WWW. SRX. AERO OPERATED BY AVIALEASING
AN-12B

CHINA EASTERN
中國東方航空

DEUTSCHLAND

Auch in Deutschland gibt es an einigen Verkehrsflughäfen immer mal wieder Flugzeuge, die lange gelagert und dann verschrottet werden. Aufgrund der geringen Platzverhältnisse und der eher feuchten Klimabedingungen befindet sich im deutschsprachigen Raum jedoch kein größerer Flugzeugfriedhof.

Flughafen Parchim
Am Flughafen Parchim standen insgesamt sieben Airbus A340 der chinesischen China Eastern. Ein Teil von ihnen wurde hier verschrottet und die Einzelteile mit dem Lkw zur Verwertung nach Hamburg gebracht.

Better City, Better Life
CHINA EASTERN
FLUGHAFEN

Betriebsende

Als die Pläne eines chinesischen Investors scheiterten und der Flughafen Parchim 2019 endgültig den Betrieb einstellen musste, wurden die noch nicht zerlegten Airbus A340 zu anderen Flughäfen wie ins spanische Teruel geflogen, um dort konserviert zu werden und auf eine Reaktivierung oder Verschrottung zu warten. Die Maschine mit der Sonderlackierung war Werbeträger für die Expo 2010 in Shanghai und als »B-6055« für China Eastern unterwegs. In Deutschland erhielt sie die Kennung D-AAAS von der Lufthansa Technik, die die Flugzeuge vermutlich als Ersatzteilträger für die eigene A340-600-Flotte kaufte, bevor diese 2020 im Zuge der Corona-Pandemie ebenfalls stillgelegt wurde.

Flughafen Mönchengladbach

In Mönchengladbach sitzt die Firma Rheinland Air Service, die sich auf die Wartung der französischen ATR-Flugzeuge spezialisiert hat. Die OE-LIB flog für die InterSky und konnte nach dessen Insolvenz und längerer Lagerzeit für die Nordica unter anderem im Auftrag von Scandinavian Airlines wieder abheben. Dazu wurde sie in Estland als ES-ATA neu zugelassen.

Doch nicht verschrottet

Auch diese ehemals bei der Fluggesellschaft UTair Aviation eingesetzte ATR 42 schaffte es, der Verschrottung zu entgehen und wurde nach jahrelanger Lagerung in Mönchengladbach reaktiviert. In neuem Farbenkleid und unter der Registrierung »PNC-0245« fliegt der Turboprop nun für die »Policia Nacional de Colombia« und hatte dazu einen sehr langen Überführungsflug nach Südamerika zu bewältigen.

SAS
Scandinavian
SAS
Scandinavian
Scandinavian
SAS

SPANIEN

Spanien ist das Land in Europa, wo wohl die besten Bedingungen für die Langzeitkonservierung von Flugzeugen herrschen. So sind die Wetterverhältnisse an einigen Orten sehr ähnlich zu den amerikanischen Wüsten von Kalifornien und Arizona. Durch die geografische Lage profitierten Spaniens Flugzeugfriedhöfe vor allem während der Corona-Pandemie. Schnell musste eine große Anzahl an Flugzeugen abgestellt werden und es war ungewiss, ob man kurzfristig Zugriff auf die Maschinen brauchen würde oder sie in die Langzeitkonservierung gehen würden.

Flughafen Castellón

Erst Ende 2014 für den Flugverkehr eröffnet wurde der Flughafen Castellón nordöstlich von Valencia. Als Provinzflughafen ist er wenig belebt und es bringen nur einige Billigflieger Touristen an die spanische Ostküste. Auf dem Vorfeld werden allerdings von der Firma eCube Solutions auch Großraumflugzeuge wie diese A340 der Scandinavian Airlines recycelt. Einen weiteren Flugzeugfriedhof betreibt die Firma im walisischen St Athan.

TRANSAERO
SOUTH AFRICAN
Lufthansa
BRITISH AIRWAYS
IBERIA
Avianca
germanwings
OLYMPUS

Flughafen Teruel

Auch der Flughafen Teruel ist in seiner heutigen zivilen Nutzung erst seit einigen Jahren in Betrieb. Er liegt auf einem Hochplateau in Aragonien, einer niederschlagsarmen Gegend im Nordosten Spaniens. Während der Corona-Pandemie ist er stark expandiert und die ansässige TARMAC Aerosave musste die vorhandenen Stellflächen schnell erweitern. Zahlreiche Flugzeuge der Deutschen Lufthansa stehen hier. Dazu gehören auch A380, die erstmals im Sommer 2020 in großer Anzahl auf einem Flugzeugfriedhof zu finden waren. Das Unternehmen ist spezialisiert auf die Verschrottung von Flugzeugen, aber auch auf die Langzeitkonservierung. Airbus gehört zu den Anteilseignern des Verwertungsbetriebes.

In diesem Übersichtsbild versteckt finden sich auch zwei hochmoderne Airbus A350XWB. Die Flugzeuge mit der Kennung ZS-SDC und ZS-SDD wurden erst 2019 ausgeliefert, mussten aber kurz darauf aufgrund finanzieller Probleme während der Corona-Pandemie von South African Airways an den Leasinggeber zurückgegeben werden. Sie warten hier auf einen Einsatz bei einem neuen Kunden.

Eine Art Visitenkarte

Diese Boeing 737 konnte der Verschrottung entgehen und dient als sogenannter »Gate Guard« des Flughafens.

→ Der Hoffnungsträger

Knapp 80 Meter Spannweite misst der A380, der bis zu 853 Passagieren Platz bietet. Es war der Hoffnungsträger von Airbus als Antwort auf Boeings Jumbojet. Man erwartete den drastischen Anstieg des Luftverkehrs und glaubte, dass aufgrund von begrenzten Kapazitäten am Boden sowie in der Luft eine Steigerung der Passagierzahlen langfristig nur mit größeren Flugzeugen möglich sei. Die Anzahl der Flugzeuge, die pro Stunde an einem stark frequentierten Flughafen landen können, ist schließlich begrenzt. Es kam jedoch anders und viele Airlines setzten auf sparsamere Zweistrahler und Verbindungen fernab der stark frequentierten Hub-Airports. Die Corona-Krise war daher nicht der Auslöser, sondern nur ein Beschleuniger der schnellen Ausflottung bei den Airlines der Welt. Gerade einmal neun Jahre lang flog die D-AIMF seit Auslieferung bei der Lufthansa, bevor sie mit sechs weiteren A380 der Airline im April 2020 nach Teruel kam.

Lufthansa

Totgesagte leben länger

Nicht nur der Superjumbo A380, sondern auch die Airbus-A340-600-Flotte wurde im Zuge der Corona-Pandemie stillgelegt und standen im Farbenkleid der deutschen Fluggesellschaft in Teruel. Anfang 2022 wurden einige von Ihnen wieder reaktiviert und kehrten unerwartet zurück in den Liniendienst der Lufthansa.. Bis zum Erstflug der Boeing 747-8i im März 2011 war der A340-600 mit 75,30 Meter das längste Passagierflugzeug der Welt. Charakteristisch für Passagiere war die im unteren Deck angeordnete Toilette, die sich mit einer Treppe erreichen ließ. Auch die Boeing 747 der British Airways fand 2020 ihr vorzeitiges Ende. Neben zahlreichen Maschinen, die im britischen St Athan und Kemble lagern, wurden einige im Ausland abgestellt, wie hier in Teruel oder im kalifornischen Victorville.

→ Das endgültige Aus

Alles, was von einem Verkehrsflugzeug nach der Verschrottung bleibt, ist ein großer Haufen Aluminiumschrott und größere Einzelteile wie Fahrwerke und Triebwerke. Teile, die wiederverwendet werden können, werden in große Holzkisten verpackt und finden vielleicht einen Weg an ein anderes Flugzeug, um wieder abheben zu können.

Da flog er noch

Air France ist eine weitere Airline, die sich während der Corona-Pandemie von ihrer A380-Flotte trennen musste. Der Superjumbo wurde unter anderem auf der Strecke nach Los Angeles eingesetzt – ein Paradies für Planespotter. Im nahe gelegenen Hawthorne gibt es Hubschrauberrundflüge zum Airport LAX, wo sich spektakuläre Aufnahmen von anfliegenden Flugzeugen machen lassen.

→ Kerosinfresser auf dem »Abstellplatz«

In Teruel stehen zwei dieser Maschinen geparkt. Weitere A380 der französischen Fluggesellschaft stehen weiter nördlich in Tarbes-Lourdes, wo TARMAC Aerosave einen weiteren Flugzeugfriedhof betreibt.

Lufthansa
AIRFRANCE
AIRFRANCE
Lufthansa

Wertvolle Ersatzteile

Vor allem unwirtschaftliche, vierstrahlige Jets finden hier aktuell ihr Ende. Die Maschinen sind schon teilweise zerlegt und warten auf die endgültige Verschrottung durch den Bagger. Im Vordergrund eine beachtliche Sammlung an Triebwerksverkleidungen. Diese werden meist zu allererst abgebaut, um die teuren Jet-Antriebe weiterverkaufen oder recyceln zu können.

Das Unternehmen Wilco Design GmbH (flugzeugmöbel.de) hat sich darauf spezialisiert, aus alten Flugzeugteilen schöne Erinnerungsstücke und Möbel zu bauen. Mit zum Sortiment gehört ein Whirlpool, gebaut aus einer Triebwerksverkleidung, wie hier im Bild zu sehen. Der »Engine Inlet Whirlpool« konnte zeitweise sogar im Lufthansa Worldshop, also im Bordverkauf, bestellt werden.

Alles dicht?

Flugzeuge, die nicht sofort verschrottet werden sollen, werden konserviert. Die spanische Sonne und das trockene Klima eignen sich zwar hervorragend, um Korrosion und Schimmel zu vermeiden, jedoch gibt es auch einige Nachteile dieser Wetterbedingungen. Durch das Abkleben der Fenster und Türen gelingt es, die Temperatur im Inneren konstant und niedrig zu halten sowie Schäden durch starke UV-Strahlung zu verhindern. Außerdem wird das Eindringen von Sand und Staub vermieden. Zusätzlich werden die Triebwerke und sämtliche weitere Öffnungen abgeklebt. So soll vermieden werden, dass sich Tiere dort einnisten, wo sie bei einer möglichen Reaktivierung des Flugzeuges ernste Problem machen könnten.

Der Airbus A380 war bis vor Kurzem das Flaggschiff der Deutschen Lufthansa. Jedoch rentierte sich der Superjet nur auf wenigen Strecken, da die Auslastung bei so vielen Sitzplätzen selten bei 100 Prozent lag. Viele Sitzplätze konnte man meist auf den Nordamerika-Strecken füllen. So auch bei den Flügen nach Los Angeles. Auf dem Bild oben ist der A380 kurz nach dem Start Richtung Pazifik zu sehen, bevor die Maschine gen Osten dreht und ihren elfstündigen Flug nach Frankfurt antritt.

Lufthansa
TRENT 900

Alles für den Tiger
Die russische Transaero wurde 1991 gegründet und war die erste private Airline in Russland. Mit der Sonderbemalung unterstützte die Fluggesellschaft das Amur Tiger Center und dessen Mission, den Fortbestand des vom Aussterben bedrohten Sibirischen Tigers zu retten. 2001 wurde die Boeing 747 von Singapore Airlines übernommen und flog bis zur Insolvenz von Transaero im Jahr 2015, bevor der Jumbo nach Teruel kam.

TRANSAERO

Für Rückholflüge waren sie noch gut zu gebrauchen

Zuerst fielen die großen Vierstrahler der Corona-bedingten Ausflottung bei der Lufthansa zum Opfer. Die gesamte A340-600-Flotte sowie später auch die A380-Flotte wurden stillgelegt und fast vollzählig nach Teruel ausgeflogen. Ihren letzten großen Auftritt hatten die A380 bei diversen Rückholflügen nach Ausbruch der Pandemie im Frühjahr 2020. Unter anderem flog der Superjumbo dafür bis nach Neuseeland. Die Zukunft der überwiegend jungen Flugzeuge ist unklar.

→ Es geht ans Ende

Auf dem »scrap pad« stehen ein Lufthansa A340-600 sowie eine Transaero Boeing 747. Für diese Flieger hat die letzte Stunde geschlagen und der Bagger rückt an, um sie zu Aluminiumschrott zu zerkleinern. Auch der A340 der spanischen Iberia hat bereits den Verlust der Tragflächen zu beklagen und wird wohl eine der nächsten Maschinen sein, die ihr jähes Ende finden.

OLYMPUS
Lufthansa
Avianca
Lufthansa

Das Ende einer Ära

Sie sehen aus wie Spielzeuge – die Giganten der Lüfte, die bis zu 569 Tonnen Abflugmasse haben. Die befestigten Rollwege und Positionen am Flughafen Teruel waren schnell gefüllt, sodass der Flughafen rasant expandieren musste, um neue Parkflächen zu schaffen. Ein einzelnes Flugzeug nimmt eine Fläche von knapp 6400 Quadratmetern ein. Gut, dass sich der Flughafen Teruel außerhalb der Stadt befindet, denn so konnte das Verwertungsunternehmen TARMAC Aerosave kurzerhand neue Flächen erschließen. Deutlich wird auf diesem Bild, dass vor allem vierstrahlige Jets nicht mehr gefragt sind. Es gibt mittlerweile deutlich kostengünstigere Alternativen. Zweistrahlige Flugzeuge wie die Boeing 777-300ER (550 Sitzplätze) oder der A330-900neo (460 Sitzplätze) bieten bei deutlich geringeren Betriebskosten genügend Platz für Passagiere und Fracht. In naher Zukunft werden die Vierstrahler bei den Passagier-Airlines weltweit verschwunden sein und wenig später auch bei den Fracht-Airlines ersetzt werden. Es ist das Ende einer Ära.

FRANKREICH

Frankreich ist die Heimat des Flugzeugherstellers Airbus. In Toulouse befindet sich das größte Werk. Hier laufen vor allem die Großraumflugzeuge vom Band. Es gibt zwar wenige Flugzeugfriedhöfe in Frankreich, jedoch nutzt Airbus unter anderem den Flughafen Tarbes-Lourdes, um dort Testflugzeuge sowie fertig produzierte Maschinen, die aufgrund der Pandemie nicht ausgeliefert werden konnten, zwischenzuparken. Auch British Airways nutzte mit Cháteauroux einen französischen Flughafen, um während der Pandemie die A380-Flotte zu parken.

Tarbes-Lourdes

Der Flughafen Tarbes-Lourdes und die umliegende Region sind vor allem bei Gläubigen bekannt. Das nördlich der Pyrenäen gelegene Lourdes ist weltbekannter Wallfahrtsort. Nach Paris zählt es jährlich die zweitmeisten Übernachtungsgäste Frankreichs. Der Flughafen wird von der Firma TARMAC Aerosave auch als Flugzeugfriedhof verwendet. Airbus (unter anderem Anteilseigner bei TARMAC) nutzt den Flughafen außerdem, um Flugzeuge aus der Produktion im östlich gelegenen Toulouse zwischenzulagern.

Diese beiden Airbus A380 gehörten zu den ersten ausgemusterten Superjumbos und flogen bei Singapore Airlines. Die asiatische Fluggesellschaft war damals Erstkunde für den Flugzeugtyp und übernahm 2007 die erste Maschine, welche jedoch nur elf Jahre später in Tarbes-Lourdes ausgemustert und schließlich verschrottet wurde.

Lufthansa
Lufthansa
Lufthansa
AIRFRANCE
AIRFRANCE
AIRFRANCE

← Dicht an dicht

Eine große Anzahl von Langstreckenfliegern, darunter Airbus A380 der Air France, Boeing 747 der Lufthansa und Airbus A340 der South African Airways, lagern hier auf einem stillgelegten Rollweg.

Wohin geht die Reise?

Die für Hainan und Hong Kong Airlines bestimmten Airbus A350 wurden aufgrund der Corona-Pandemie nicht vom Kunden übernommen und nach ihrer Produktion aus Toulouse nach Tarbes-Lourdes überführt, um hier auf einen Einsatz zu warten.

In Frankfurt

In Deutschland flog South African Airways den Frankfurter Flughafen mit dem Airbus A340-600 an. Der Abflug in den Abendstunden erfolgte in der Regel von der Startbahn West. Hier rollt die 2003 ausgelieferte Maschine kurz nach Sonnenuntergang auf die Piste und ist bereits freigegeben für den Start.

Eine neue South African?
Die bereits vor der Pandemie finanziell angeschlagene South African Airways stellte 2020 ihren Betrieb ein und gab zunächst alle Maschinen an ihre Leasinggeber zurück. Die Fluggesellschaft soll abermals vom Staat komplett restrukturiert und neu aufgebaut werden. Ein Investor, der 51% der Anteile hält, wurde 2021 gefunden, die Flotte jedoch stark reduziert.

ليبيا Libya

Gaddafis Flieger

Nach dem Krieg in Libyen wies der Regierungsflieger Muammar al-Gaddafis Beschädigungen wie Einschusslöcher auf. Sieben Jahre lang wurde die Maschine im südfranzösischen Perpignan eingelagert. 2020 wurde der A340 mit VIP-Ausstattung erstmals wieder ausgemottet und scheint nicht verschrottet zu werden, sondern wieder fliegen zu dürfen. 1996 wurde die Maschine bereits als Regierungsflieger ausgeliefert, flog aber zunächst für das südostasiatische Land Brunei. Im Juni 2021 kehrte das Flugzeug nach mehr als sieben Jahren zurück in den Flugdienst der Regierung Libyens.

25 Jahre Liniendienst – eine gute Leistung

In einem abgelegenen Teil des Flughafens Perpignan steht die EP-TAB, ein in die Jahre gekommener Airbus A320 der iranischen ATA Airlines. Nach 25 Jahren im Liniendienst bei verschiedensten Airlines wurde das Flugzeug in Perpignan geparkt. Die Triebwerke wurden bereits ausgebaut.

Trump-Shuttle am Boden

Direkt daneben parkt ein echter Exot. Die dreistrahlige Boeing 727 der Air Mauretanie steht seit 2005 am Boden und wird sukzessive ausgeschlachtet. Sie hat eine bewegte Vergangenheit und flog zunächst in Venezuela, später in Amerika (unter anderem für Donald Trump als »Trump Shuttle«), einige Jahre für Qatar Airways, bevor sie nach einer kurzen Zeit bei Comair und Kulula in Südafrika zu ihrem letzten Betreiber kam. Als 5T-CLP registriert flog die Maschine für die mauretanische Fluggesellschaft, die 2007 den Betrieb einstellte. Die MD-87 daneben wurde 1991 an Iberia ausgeliefert und kam 2012 nach Perpignan. Betreut werden die Maschinen von der ortsansässigen Sabena Technics.

Lufthansa

NIEDERLANDE

Auch in den Niederlanden gibt es mit der AELS (Aircraft End-of-Life Solutions) seit 2016 einen Flugzeugverwerter. Auf dem Flughafen Enschede/Twente unweit der deutschen Grenze liegt ein ehemaliger Militärstützpunkt. Die große Landebahn mit ihren angrenzenden Vorfeldern wird kaum noch genutzt. Ein ansässiger Segelflugverein startet auf einer Graspiste neben der Landebahn. Genug Platz also für die Verwertung von großen Passagiermaschinen.

Enschede-Twente

Einige Boeing 747-400 der deutschen Lufthansa wurden während der Corona-Pandemie ausgeflogen. Die Parkgebühren am Heimatstandort Frankfurt sind für eine lange Lagerung zu teuer und auch der Platz ist begrenzt. Für sechs dieser Flugzeuge, die nach Twente kamen, stand anfangs nicht fest, ob sie jemals wieder in den Flugbetrieb zurückkehren. Mittlerweile wurden die Maschinen nach Mojave in Kalifornien geflogen, um verschrottet zu werden. Zunächst hatten die 747 aufgrund fehlender Zulassungen des Flughafens allerdings keine Starterlaubnis erhalten, da der Flughafen nur für die Landung mit anschließender Verschrottung ausgelegt ist. Es gab jedoch eine Ausnahmegenehmigung für die sechs Jumbos, die mit einem Tankstopp in Frankfurt dann ihre letzte Reise antreten konnten.

Abflug aus Lissabon

Air Portugal setzte zuletzt auf die A330/A340-Familie im Langstreckenverkehr. Hier zu sehen ist ein A330 beim Start in der Heimatstadt Lissabon. Zur Erneuerung des Flugzeugparks bestellte die portugiesische Airline den A330neo und war sogenannter »Launch Customer«. Mit der A330-900 erhielt die Fluggesellschaft den ersten A330neo weltweit, der am 15. Dezember 2018 auf der Strecke Lissabon – Sao Paulo den ersten Linienflug durchführte.

→ Auch TAP setzt auf neuere Flugzeuge

Weit fortgeschritten ist die Verschrottung dieser Air Portugal Airbus A330. Die Airline trennt sich von ihren älteren Modellen sowie der vierstrahligen A340 und setzt auf den neuen A330neo, der mit verbesserter Aerodynamik und neuen Triebwerken deutlich wirtschaftlicher ist. Auch Scandinavian Ailrines lässt hier zwei Flugzeuge vom Typ Boeing 737 verschrotten.

AIR PORTUGAL
www.flytap.com
PORTUGAL
AIR PORTUGAL
www.flytap.com
PORTUGAL

www.zestair.co
FLIGHT RECORDER DO NOT OPEN

VEREINIGTES KÖNIGREICH

In Großbritannien gibt es viele ehemalige Stützpunkte der Royal Air Force, die heute keinen regen Flugbetrieb mehr aufweisen, jedoch genug Abstellflächen am Boden. Einer dieser Flugplätze ist die ehemalige RAF Base Kemble, unweit von Bristol gelegen. Hier war damals unter anderem das weltbekannte Kunstflugteam »Red Arrows« stationiert. Heute ist neben Flugvereinen die Chevron Aircraft Maintenance Hauptnutzer des mittlerweile zum »Cotswold Airport« umbenannten Flughafens. Hier werden verschiedenste Maschinen gewartet und zerlegt.

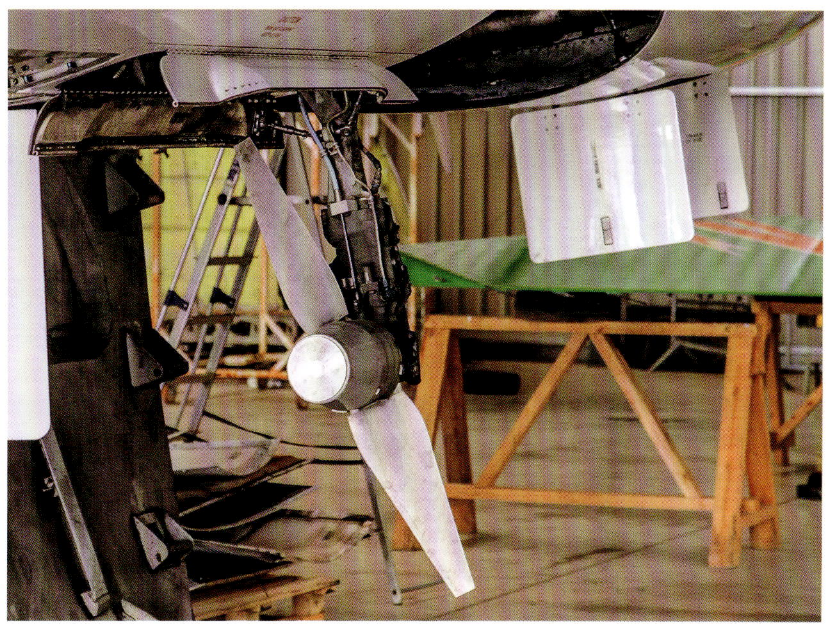

Kemble (jetzt Cotswold Airport)

Die philippinische Zest Air ging in der Air Asia Group auf. Dieser A320 wurde am Cotswold Airport zerlegt. Zunächst wurde die teure Avionik (Bordinstrumente) ausgebaut. Sie kann in anderen Flugzeugen wieder verwendet werden und hat dadurch einen hohen Restwert. Das gleiche Flugzeug ist auf der folgenden Doppelseite zu sehen.

Rechts oben ist die Ram Air Turbine (RAT) zu sehen. Sie bietet im Falle eines Triebwerksausfalls eine Notversorgung für elektrische Systeme und die Hydraulik der Maschine. Angetrieben wird sie vom Fahrtwind des Flugzeugs.

Zest
zestair.com.p

G-ELUN

AIRLINES

Zu vermieten!

Diese B747-200F wurde 1979 vom Boeing-Werk Everett in Seattle an Cargolux Airlines ausgeliefert und kehrte acht Jahre später nach Amerika zurück, wo sie für verschiedene Frachtfluggesellschaften flog. Vor ihrer Ausmusterung flog sie von 2001 bis 2007 für MK Airlines, eine britische Airline, die 2010 den Betrieb einstellte. Die Maschine entging der Verschrottung und wurde als Location für Events umgebaut. Abgelöst wurde sie nun von einer ausgemusterten Boeing 747-400 der British Airways in einer Sonderlackierung. Sie wurde ebenfalls entkernt und dient nun als Eventlocation. So wurde die Maschine in Retro-Farben vor der Verschrottung gerettet.

So weiß man, was passiert ist …
Ein Verkehrsflugzeug verfügt über Flight Data Recorder (Flugdatenschreiber) und Cockpit Voice Recorder (Cockpit-Tonaufnahme). Sie dienen der Auswertung von Flugunfällen beziehungsweise schweren Störungen und deren Ursachen. Mit den gewonnenen Informationen der Absturzursache können Experten Sicherheitsempfehlungen erstellen, um künftige Ereignisse dieser Art zu verhindern. Sie sind ein wichtiger Beitrag zur Flugsicherheit.

← Der abgedankte König
Eine Boeing 757 der britischen Monarch Airlines zusammen mit einem Airbus A321 von Alitalia. Beide Mittelstreckenflugzeuge stehen kurz vor ihrer Verschrottung. Die Triebwerke und einige Anbauteile wurden bereits entfernt.

Jumbolino

Besonders beliebt bei kleinen Stadtflughäfen wie London City oder Berlin-Tempelhof war die British Aerospace BAe 146. Das vierstrahlige Flugzeug wurde bei vielen europäischen Airlines eingesetzt. Hier zu sehen sind drei Maschinen, die bei Brussels Airlines flogen. Darüber hinaus war das Flugzeug mit dem Spitznamen »Jumbolino« auch für das britische Königshaus im Einsatz und flog als VIP-Flugzeug für die Vereinigten Arabischen Emirate (Maschinen in weiß mit rotem Streifen).

Die letzte Runde ist eingeläutet

Ein bunter Mix an Flugzeugen steht kurz vor der Verschrottung. Darunter ein Jumbojet der Corsair sowie ein A300 Frachter der DHL.

ASI

Was nicht passt, wird passend gemacht
Das Seitenleitwerk dieser China-Eastern-Maschine musste weichen, damit das Flugzeug in den Hangar passt, wo Bordinstrumente und Triebwerke zur Wiederverwendung ausgebaut werden.

Bruntingthorpe
Cathay Pacific trennte sich 2016 von ihrer letzten Passagierversion der Boeing 747. Dieser Jumbojet wurde auf dem Flugzeugfriedhof im britischen Bruntingthorpe verschrottet. Der Flugplatz ist vor allem bekannt durch die Automobilsendung »Top Gear«. Regelmäßig diente der Flughafen als Drehort. Mittlerweile wurden alle Luftfahrtaktivitäten eingestellt und der Restbestand an Flugzeugen verschrottet.

Leider wurden auch Legenden verschrottet

Auf dem Flugplatz Bruntingthorpe gab es eine beachtliche Sammlung an historischen Flugzeugen. Da der neue Eigentümer diese nicht mehr duldete, wurde auch ein Großteil dieser Luftfahrtlegenden verschrottet. Mit dazu gehört die Super Guppy, von der es jetzt nur noch kleine Stücke der Außenhaut als Schlüsselanhänger für Fans gibt. Gerade einmal fünf Super Guppys wurden jemals gebaut. Eine davon wurde von der NASA betrieben und steht heute im Pima Air & Space Museum (siehe Seite 80). Weitere vier Maschinen wurden mit Turbinentriebwerken ausgestattet und flogen als Vorgänger des Airbus Beluga für den europäischen Flugzeughersteller. Zwei davon stehen heute ausgestellt in den Airbus-Werken Hamburg und Toulouse. Die letzte Maschine wurde von der NASA gekauft und transportiert noch heute Fracht wie Module des Orion-Raumschiffs in Amerika.

Alles schon Geschichte
Ein Überblick über den ehemaligen Flugzeugfriedhof Bruntingthorpe. Nicht mit im Bild: ein großes Flugzeugmuseum mit vielen Exponaten, welches ebenfalls wegen des Verkaufs des Flughafens weichen musste.

Die RAF hielt lange an ihr fest

Die Royal Air Force war der letzte große Betreiber der Lockheed L-1011 Tristar. 2014 wurde sie ausgemustert und nach Bruntingthorpe überführt. Bis dahin waren sie regelmäßig unter anderem als Truppentransporter im Einsatz. Nach ihrer Stilllegung gibt es nur noch eine einzige flugfähige Maschine des Typs. Sie steht am Mojave Air & Space Port und dient als Trägerplattform für Raketenstarts aus großer Höhe.

ROYAL AIR FORCE
N
27R

Die Fans liebten sie – den Anwohnern war sie zu laut

Der Flughafen Hannover wurde von der Royal Air Force regelmäßig angeflogen. Viele britische Kasernen befanden sich in der Region und so gehörten die grauen Militärflugzeuge zum normalen Tagesgeschäft auf dem Flughafen der niedersächsischen Landeshauptstadt. Die Königliche Luftwaffe der Briten war der letzte große Betreiber der Lockheed L-1011 Tristar und so kamen regelmäßig Planespotter nach Hannover, um dieses besondere Flugzeug live zu sehen.

Auch die vierstrahlige Vickers VC10 der British Aircraft Corporation flog noch kurz zuvor Truppentransporte nach Hannover. Sie wurde nach ihrer Außerdienststellung ebenfalls in Bruntingthorpe gelagert. Während die beiden historischen Flugzeuge der Royal Air Force das Herz der Luftfahrt-Fans höher schlagen ließ, freuten sich vor allem die Anwohner auf den Ersatz der lauten und schrillen Maschinen durch modernere Airbus A330 und A400M, die heute für vergleichbare Missionen eingesetzt werden.

DER LOCKDOWN

Es ist die größte Krise der Luftfahrtgeschichte. Nicht mal nach den Terroranschlägen vom 11. September 2001 war die Fliegerei so sehr betroffen wie von den Auswirkungen der Corona-Pandemie. Zahlreiche Airlines weltweit mussten den Flugbetrieb einstellen. Nicht überall half der Staat, die Krise zu überbrücken. Landebahnen wurden geschlossen, um gestrandete Flugzeuge zu parken. Flugzeugfriedhöfe in aller Welt füllten sich rasend schnell und eine lange Zeit des Wartens begann. Es ist das vorübergehende Ende vieler Teilflotten, vor allem aber der unwirtschaftlichen und kaum ausgelasteten Großraumflugzeuge wie die Boeing 747, der A380 und der A340.

Flughafen Frankfurt
Der Frankfurter Flughafen sperrte mehrmals die Nordwestbahn, um dort Flugzeuge abzustellen. Hier zu sehen ist ein Großteil der A330/A340-Flotte während des ersten Lockdowns im März 2020. Die A340-600-Flotte wurde kurz darauf vorzeitig in den Ruhestand geschickt und ins spanische Teruel ausgeflogen (siehe Seite 106 und Seite 110).

STAR ALLIANCE
STAR ALLIANCE

Lufthansa
Lufthansa
Lufthansa
MAX SPAN
36,0 m
MAX SPAN
36,0 m

Jumbos vor der Triage
Das Terminal 2 des Frankfurter Flughafens ist normalerweise nicht von Lufthansa-Maschinen geprägt. Während des Lockdowns wurde hier jedoch ein Großteil der Boeing-747-Flotte geparkt, bis feststand, welche Maschinen vorerst bei der Airline bleiben und welche Maschinen zur Verschrottung gebracht werden.

Warte- oder Ruhestand?

Zwei Airbus A380 in Frankfurt aufgenommen im März 2020, als noch nicht klar war, ob die Maschinen vielleicht bald wieder abheben könnten. Die Flugzeuge sollten noch deutlich länger am Boden bleiben, als zunächst angenommen. Ihre Rückkehr in den Liniendienst wurde zunächst ausgeschlossen. Das ist aber schon wieder »Schnee von gestern«. Die im Frühjahr/ Sommer 2022 deutlich anziehende Nachfrage sorgt dafür, dass nach jetzigem Planungsstand (August 2022) zumindest einige der Maschinen 2023 wieder fliegen sollen.

→ Hier wird gerade nicht enteist

Auch die Kurz- und Mittelstreckenflotte der Lufthansa ist deutlich größer als der Bedarf während der Lockdowns und so parken neun Maschinen der A320-Familie auf den Enteisungsflächen des Fraports.

↓ Eine Landebahn zweckentfremdet

Der Flughafen Köln-Bonn verfügt über drei Landebahnen. Eine davon wurde während der Pandemie zu einem Parkplatz für nicht benötigte Kurzstreckenflugzeuge der Lufthansa gesperrt. Bekannt ist der Flughafen vor allem als Frachtdrehkreuz. Die Passagierzahlen liegen deutlich unterhalb des rund 60 Kilometer entfernten Flughafens in Düsseldorf.

Lufthansa

Lufthansa
D-AISB

Flughafen Köln-Bonn

Auch am Flughafen Köln-Bonn wurde eine Landebahn genutzt, um einen Teil der Airbus-A320-Flotte der Lufthansa einzumotten. Die Airline hatte 2018 begonnen, ihre Flugzeuge neu zu lackieren. Bei vielen Fans des Kranichs wurde zunächst Kritik laut – vor allem für den Wegfall des gelben Logos. Mittlerweile hat man sich jedoch an den Anblick gewöhnt. Mit dem schlichten Design wollte man dem Premium-Anspruch der Lufthansa gerechter werden. Insgesamt 360 Flugzeuge sollten in neuem Farbenkleid glänzen. Dafür rechnete die Fluggesellschaft mit einem Zeitraum von sieben Jahren bis zum Abschluss der Umgestaltung. Da sich nach Ausbruch der Corona-Krise eine deutliche Verkleinerung der Flotte abzeichnete, könnten die klassisch lackierten Flugzeuge bereits vor 2025 vom Himmel verschwunden sein. Zumindest ein A320-Rentner, die D-AIQF bekommt einen neuen Job: Sie wird zum Wasserstoff-Versuchsflugzeug umgerüstet. Vermutlich wird sie dennoch nie mehr fliegen. Sie wird zum Testen der Bodenprozesse benötigt.

Condor
LAUDA
Eurowings
SunExpress
TUI

Flughafen Düsseldorf

Düsseldorf ist Hub-Airport der Lufthansa-Billigtochter Eurowings. Viele Maschinen standen während des Lockdowns ungenutzt auf dem Vorfeld. Auch Flugzeuge der angeschlagenen Condor warten hier auf eine ungewisse Zukunft. Der Platz der Vorfelder ist komplett ausgereizt.

← + ↓ Flughafen Berlin-Tegel

Zu den Todesopfern der Corona-Krise gehört auch der Flughafen Berlin-Tegel. Unter normalen Wachstumsbedingungen wäre der neue Flughafen Berlin Brandenburg bereits bei der jahrelang verspäteten Eröffnung viel zu klein gewesen. Der Verkehrseinbruch kam der Flughafengesellschaft in diesem Punkt zu Gute. Die Schließung Tegels und die Inbetriebnahme des BER verliefen dadurch absolut reibungslos. Während des Lockdowns nutzte Easyjet den Flughafen, um rund zwei Dutzend Airbus A320 abzustellen. Am 8. November 2020 startete mit Air France Flug 1235 das letzte Flugzeug in Tegel. Das Ende einer Ära.

Lufthansa

Lufthansa
Lufthansa
Lufthansa
Lufthansa
STAR ALLIANCE
Lufthansa
Lufthansa
Lufthansa

RYANAIR
RYANAIR
easyJet
NANTES
RYANAIR
RYANAIR

Berlin Brandenburg BER

Vergleichsweise unspektakulär verlief die Eröffnung des neuen BER. Während der Passagierflugverkehr aufgrund der Corona-Pandemie nur sehr eingeschränkt stattfindet, werden die großzügigen Flächen auf den Vorfeldern von Lufthansa, Easyjet und Ryanair verwendet, um Flugzeuge während der Lockdowns zu parken. Der Bereich des alten Schönefelder Terminals (hier auf dem Bild zu sehen) wurde zum neuen Terminal 5 des Großflughafens. Eine Schließung des Bereichs war damals nicht möglich, da die Verkehrsprognosen prophezeiten, dass der BER bei steigenden Passagierzahlen bereits zu klein wäre, um den Flugverkehr von Tegel und Schönefeld zu bewältigen. Nach Ausbruch der Pandemie entschied sich die Flughafengesellschaft jedoch 2021 für eine zunächst vorübergehende Schließung des T5, um damit bis zu 25 Millionen Euro pro Jahr zu sparen. Der Bereich im Norden des Flughafens wird daher aktuell nur wenig genutzt – hier zuletzt als Abstellfläche für nicht benötigte Flugzeuge.

easyJet.com
easyJet

Berlin Brandenburg BER

Nach dem Ende der Ära Air Berlin im Oktober 2017 füllte unter anderem Easyjet die entstandenen Lücken im Flugplan von Berlin. Viele der dort stationierten Flugzeuge wurden während der Corona Krise auf dem Vorfeld des Hauptstadtflughafens BER abgestellt. Ein großer logistischer Aufwand war es, die Flugzeuge während des Groundings betriebsfähig zu halten. So wurden regelmäßig Maschinen für einen kurzen Rundflug reaktiviert, um teure Wartungsmaßnahmen bei zu langer Inaktivität zu vermeiden.

Flughafen Hannover

Auf fast allen deutschen Flughäfen wurden während des starken Rückgangs an Passagieren Flugzeuge abgestellt. Hier ist das Vorfeld West in Hannover zu sehen, wo drei Maschinen der Lufthansa und vier Maschinen der Tuifly auf das Ende der Krise warten.

TUI

← + ↑ Flughafen Hannover

Der Flughafen Hannover ist die Basis der deutschen TUIfly. Während des Höhepunkts der Krise kam es auch hier zum Stillstand und mehr als 20 Maschinen der Boeing 737-800-Flotte wurden zunächst eingemottet. Darunter befinden sich auch Flugzeuge mit kanadischer Registrierung. Tuifly verleast in den verkehrsschwachen Wintermonaten regelmäßig Flugzeuge ihrer Flotte an Sunwing Airlines in Kanada, wo im Winter erhöhter Bedarf besteht. Nach der Rückkehr im Frühjahr 2020 wurden die Maschinen jedoch auch hierzulande nicht gebraucht, sodass sie relativ lange mit kanadischer Registrierung auf dem Flughafen abgestellt waren, bevor sie wieder mit deutschen Touristen abheben konnten. Im Sommer 2021 wurden die ersten Flugzeuge vom Typ Boeing 737 MAX eingeflottet. Die sparsamere und modernere Version der 737 wird ältere Maschinen ersetzen. Insgesamt soll die Flotte aufgrund von Sparmaßnahmen nach der Coronakrise schrumpfen.

Flughafen Hamburg
Der Flughafen Hamburg ist Standort der Lufthansa Technik. Hier wurden einige Großraumflugzeuge der A330-, A340- und Boeing-747-Flotte eingemottet. Neben großen Wartungen werden hier in seltenen Fällen auch Flugzeuge verschrottet. Die Boeing 737 (im rechten Bild) konnte bei ihrer Ausflottung der Zerlegung entgehen und dient als Ausbildungsflugzeug bei der Lufthansa Technik. Eine weitere 737 steht in Frankfurt für die Auszubildenden zur Verfügung.

germanwings
Lufthansa
D-ADJT
Eurowings
D-AKNP
Lufthansa Technical Training
lufthansa.com
D-ABIA

Jet
Lufthansa
IndiGo
goIndiGo.in
CHINA EASTERN
AIRWAYS

春秋航空
Azul
audiGulf
CHINA SOUTHERN
scoot
SAS

重庆航空 CHONGQING AIRLINES
AIR CHINA
TAXI
BUS
BUS
中国南方航空 CHINA SOUTHERN
中国南方航空 CHINA SOUTHERN
AIR MACAU 澳門航空
airmacau.com.mo
中国南方航空 CHINA SOUTHERN
中國東方航空 CHINA EASTERN
air astana

← + ↓ Rostock-Laage

Nachdem die Parkpositionen am Airbus-Werk Finkenwerder ausgereizt waren (siehe vorige Seite), musste sich der Flugzeughersteller um Alternativen bemühen. Da kaum eine Airline während der Corona-Krise neue Flugzeuge abnehmen konnte und wollte, füllten sich die Vorfelder rasant. So wurden viele Maschinen nach Erfurt und Rostock-Laage (links im Bild) geflogen, wo sie auf ihre Auslieferung warteten. Am überwiegend militärisch und von Flugschulen genutzten Airport Rostock-Laage standen vor allem für Asien vorgesehene Flugzeuge der A320neo-Familie eingemottet.

9288
D-AVXW
CHINA SOUTHERN
空航方南国中
CHENGDU AIRLINES
D-AXAO

D-AYAS
CHINA SOUTHERN
空航方南国中

flugzeugmöbel.de

Zerlegung eines Flugzeugs

Die Designmöbel-Manufaktur Wilco Design GmbH aus Marpingen im Saarland hat es sich mit ihrer Marke »Flugzeugmöbel.de« zur Aufgabe gemacht, ausrangierte Flugzeuge und nicht mehr flugfähige Bauteile zu einzigartigen Designobjekten aufzuwerten.

Beim Verwertungsprozess werden zuerst alle noch flugfähigen Komponenten aus den Flugzeugen entfernt, geprüft und re-zertifiziert. Als einer der letzten Schritte werden nun Rumpfzelle sowie alle weiteren Teile durch einen speziellen Verwertungsbetrieb entfernt bzw. in transportable Teile zerlegt und geschnitten.

Nachdem diese Teile ihren Weg in die Produktionshallen von Wilco Design gefunden haben, entstehen dort größtenteils individuelle Liebhaberstücke, welche vorab durch Kunden so konfiguriert und bestellt wurden. Im August 2020 hat das Unternehmen sein erstes größeres Flugzeug komplett in Eigenregie verwertet. Hierbei handelte es sich um eine Fokker 100 (auf dieser Doppelseite links), welche in der Vergangenheit für die Bremer Fluggesellschaft OLT Express flog und anschließend seit 2013 am Saarbrücker Flughafen als Trainingsobjekt für die Flughafenfeuerwehr diente. Aufgrund einer Umstrukturierung am dortigen Flughafen musste die Maschine nun neuen Projekten weichen, sodass das Team von Wilco Design die Fokker in knapp 10 Tagen komplett zerlegte und den noch intakten Rumpf in zwei großen Stücken per Schwertransport abtransportierte.

Aus den Tragflächen und Rudern dieser Maschine werden nun Schreib-, Ess- und Konferenztische gefertigt, aus den Kabinenfenstern entstehen Wandbars, Theken und Weltuhren, die Cockpitscheiben werden nun zu Beistelltischen, und aus etwa 30 Quadratmeter Rumpfblech produziert das Unternehmen nun sowohl Wunderkeys als auch Schlüsselanhänger.

Text: Marius Krämer

Sebastian Thoma Meine Liebe zur Fliegerei begann relativ früh. Ich denke, der Auslöser war der Microsoft Flugsimulator 95, den mein Vater auf seinem Laptop installiert hatte. Er selbst trug das Flieger-Virus bereits in sich, als ich zur Welt kam. Ihm habe ich zu verdanken, dass ich heute so fest in der Welt der Luftfahrt verankert bin. Einige Jahre flog er bei der Luftwaffe als Hubschrauberpilot und war begeisterter Segelflieger. Als ich meinen ersten eigenen Computer bekam, ging die Flugsimulation mit dem »FS2004« in das nächste Level. In einem Online-Netzwerk und mit vielen sogenannten Add-Ons für den Simulator lernte ich das Fliegen und Lotsen kennen und lieben.

Mit 14 flog ich das erste Mal in einem Segelflieger, mit 18 folgte die Privatpilotenlizenz für Motorflugzeuge und kurz darauf erlebte ich zahlreiche Flugabenteuer. Von Anfang an begleitete mich meine Kamera. Durch das Hobby »Planespotting« arbeitete ich mich mit immer besser werdenden Kameras und Objektiven tiefer in die Technik der Fotografie ein. Der Einstieg ins Arbeitsleben ermöglichte mir dann neben professioneller Ausstattung auch die Finanzierung von besonderen Perspektiven, etwa dem Chartern von Hubschraubern für spektakuläre Bilder über den Flughäfen von Los Angeles, Sydney oder Frankfurt. Es hat nicht lange gedauert, bis ich realisierte, dass diese Perspektive meine Lieblingsperspektive auf die fliegenden Giganten werden würde. Mittlerweile habe ich mir unter dem Namen »ATCpilot.com« ein Netzwerk aufbauen können und bin stolz sagen zu können, dass meine Fotos und Videos weltweit Zuspruch finden und Fans begeistern.

Bei meinem ersten Fliegerurlaub in Kalifornien (2013) hörte ich bereits von den Flugzeugfriedhöfen direkt nördlich von Los Angeles. Es sollte noch zwei Jahre dauern, bis ich wieder in die USA zurückkam und mit einer gemieteten Cessna erneut Flüge dorthin unternahm. Ich kann mich erinnern, wie mich diese Masse an Großraumflugzeugen auf engem Raum mitten im Nirgendwo völlig vom Hocker haute. Zum Glück konnte mein Copilot das Flugzeug übernehmen und so kreisten wir mit der Kamera im Anschlag über dem Flughafen Victorville, bis meine Speicherkarte voll war.

Als ich anfing, Fotos von Flugzeugen zu machen, jagte ich immer den neuesten Flugzeugen und Lackierungen hinterher. Ich wollte immer der Erste sein, der zum Beispiel den A380 fotografiert. Ein Freund machte mich aber darauf aufmerksam, dass solche Flugzeuge noch mehrere Jahre am Himmel sein werden. Man müsse sich eigentlich viel mehr bemühen, ältere Flugzeuge und Airlines zu erwischen, die zeitnah vom Himmel verschwinden würden. An diesem Ort, mitten in der Wüste, unter der kalifornischen Sonne standen sie. Ausgemusterte Flugzeuge, die Tausende von Kilometern durch die Welt geflogen sind, viel gesehen und erlebt haben, Menschen und Fracht sicher von A nach B gebracht haben. Maschinen, die ich nicht mehr fliegend fotografieren konnte, weil ihre Zeit bereits vorbei war. Einfach abgestellt und verlassen. Teilweise schon ausgeschlachtet oder komplett verschrottet. Ein surrealer Anblick.

In den folgenden Jahren kehrte ich immer wieder hierhin zurück und erweiterte meine Touren. Erst in die nordwestlich von Victorville gelegene Mojavewüste, später nach Marana, Tucson, Phoenix und Kingman in Arizona. Auch in Europa ließen mich die Flugzeugfriedhöfe nicht mehr los und ich flog über eben diese in England, Spanien und Frankreich. Durch die fortschreitende Technik wird es dort nie langweilig und das Bild der geparkten Flugzeuge ändert sich fast täglich. So werde ich auch in Zukunft meinen Fokus auf Luftbilder dieser faszinierenden Orte legen.

Boeing 747 Winghouse
Nördlich von Los Angeles hat sich ein Architekt den Fliegertraum erfüllt. Zwei Tragflächen und das Höhenleitwerk bilden die Dächer eines am Hang gebauten Anwesens. Dazwischen lädt ein Whirlpool (gebaut aus einem Flugzeugtriebwerk) zur Entspannung ein.

flugzeugmöbel.de
Design aus Flugzeugteilen
Mehr auf
www.flugzeugmoebel.de

Verantwortlich: Lothar Reiserer
Layout/Satz: GM
Repro: LUDWIG:media
Korrektorat: Ralf J. Klumb | The Wordworms, Berlin
Einbandgestaltung: Leeloo Molnár
Herstellung: Anna Katavic
Printed in Türkiye by Elma Basim

Sind Sie mit diesem Titel zufrieden? Dann würden wir uns über Ihre Weiterempfehlung freuen. Erzählen Sie es im Freundeskreis, berichten Sie Ihrem Buchhändler, oder bewerten Sie bei Ihrem nächsten Onlinekauf. Und wenn Sie Kritik, Korrekturen oder Aktualisierungen haben, freuen wir uns über Ihre Nachricht an GeraMond Media, Postfach 40 02 09, D-80702 München oder per E-Mail an lektorat@verlagshaus.de.

Unser komplettes Programm finden Sie unter

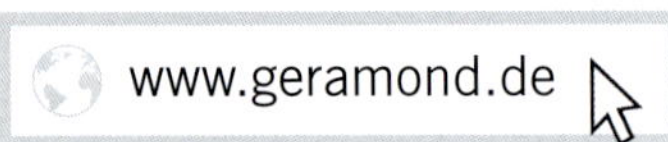

Alle Angaben dieses Werkes wurden vom Autor sorgfältig recherchiert und auf den aktuellen Stand gebracht sowie vom Verlag geprüft. Für die Richtigkeit der Angaben kann jedoch keine Haftung übernommen werden. Sollte dieses Werk Links auf Webseiten Dritter enthalten, so machen wir uns die Inhalte nicht zu eigen und übernehmen für die Inhalte keine Haftung.

Die Deutsche Nationalbibliothek verzeichnet diese Publikation in der Deutschen Nationalbibliografie; detaillierte bibliografische Daten sind im Internet über http://dnb.d-nb.de abrufbar.

2. aktualisierte Auflage

ISBN 978-3-96453-278-7

Bildnachweis:

Alle Bilder Sebastian Thoma – www.ATCpilot.com

außer:
Seite 15: Andreas Spaeth
Seite 17: picture-alliance / dpa Georg Wegemann
Seite 47 unten: By United States Air Force - http://www.af.mil/News/Photos.aspx?igphoto=2000111076, Public Domain,
Seite 56/57: George De Waard, Jan Jasinski / www.photojan.ca
Seite 169: Markus Mainka/shutterstock.com
Seite188/189: Wilco Design GmbH / Jens Görlich